Foucault for Architects

건축가를 위한 푸코

1960년대 중반 이후, 미셸 푸코Michel Foucault는 건축을 포함하여 문화, 지식, 예술의 다양한 측면과 비평적 담론에서 지대한 영향력을 끼쳐왔다. 건축에 미친 영향력은 매우 광범위하다. 지식에 대한 고고학적이고 계보학적인 접근은 건축의 역사와 이론을 변모시켰다. 동시에 예술과 미학에 대한 그의 입장은 아방가르드적 경향에 새로운 관점을 제시했다.

이 책은 미셸 푸코의 뛰어난 이론으로 가는 훌륭한 입문서일 뿐 아니라 건축가, 도시 계획가, 건축을 전공하는 학생들에게 적절한 축약된 안내서가 될 것이다.

공간, 지식, 권력에 대한 푸코의 병렬적 배치는 건축과 도시계획 그리고 디자인에 관한 사고에서 새로운 공간적 가능성들을 제시했다. 동시에, 철학자들이 신체와 섹슈얼리티에 관한 문제를 바라보는 궁극적 관심은 인간적 조건과 건축의 관계가 만드는 한계와 가능성을 이해하는데 집중되었다.

이 책은 푸코가 언급한 역사적이고 이론적인 문제들에 초점을 맞추고 있다. 건축 이론과 건축의 역사 그리고 실무와의 관계를 설명하고 보여주기 위하여, 푸코의 이론들은 고고학archaeology, 울타리enclosure, 신체bodies, 공간성spatiality, 미학aesthetics의 테마들로 구분하였다.

폰타나 기스티Gordana Fontana-Giusti는 건축가이자 이론가이며 영국 켄트대학의 건축과 교수이다. 그녀는 런던AA School(Architectural Association, London)에서 수학하고 런던국립예술대학Central Saint Martins College에서 연구하였다. 그리고 『Complete Works of Zaha Hadid 4.vols. (thames and hudson, 2004)』와 『Scale: Imagination, Perception and Practice in Architecture (routledge, 2011)』의 공동저자이기도하다.

건축과 철학 / 건축가를 위한 사상가 Thinkers for Architects

건축가는 디자인 영감을 얻기 위하여 배움 이상의 무엇인가를 얻기 위하여 혹은 실제 유용한 비판적 체계를 연구하는데 철학자와 이론가들에 주목해 왔다. 이 독창적인 시리즈는 건축에 관하여 저술하였거나 건축 디자이너를 위한 통찰력을 제시한 작업들을 개진한 중요 사상가들에 대하여 매우 지적이고 분명한 안내와 지침들을 제공한다.

'위협적이지 않고 얇은 책은 철학적 주제의 복잡한 이론들을 쉽게 설명한다.'

— *Building Design*

'... 어떠한 스튜디오나 컴퓨터 렙에도 비치될만한 가치 있는 책.'

—*Architectural Record*

'... 매우 유익한 방식으로 철학자들의 주제를 설명해 줄 믿을만한 책'

—*Architectural Review*

건축가를 위한 들뢰즈와 가타리 Deleuze and Guattari for Architects
Andrew Ballantyne 지음. 장정제, 송규만 옮김

건축가를 위한 하이데거 Heidegger for Architects
Adam Sharr 지음. 이경창 옮김

건축가를 위한 이리가라이 Irigaray for Architects
Peg Rawes 지음. 국현아, 박보라, 장정제 옮김

건축가를 위한 바바 Bhabha for Architects
Felipe Hernández 지음. 이종건 옮김

건축가를 위한 데리다 Derride for Architects
Richard Coyne 지음. 임기택 옮김

건축가를 위한 벤야민 Benjamin for Architects
Brian Elliott 지음. 이경창 옮김

건축가를 위한 가다머 Gadamer for Architects
Paul Kidder 지음.

Foucault for Architects
건축가를 위한 푸코

Gordana Fontana-Giusti 지음
장정제 옮김

Spacetime

역자 소개

장정제

현재 숙명여자대학교 미술대학 환경디자인과 교수로 재직 중이다. 홍익대학교 건축학과를 졸업하였고, 동대학 석사 및 박사 학위를 마쳤다. 주요 저서로는 〈자유로운 건축〉, 〈개념의 구조로서 건축〉, 〈아름다운 건축〉, 〈이야기로서의 건축〉, 〈알기쉬운 건축〉 등이 있으며 역서로는 〈현대건축의 사고〉, 〈건축디자인실험매뉴얼〉, 〈건축가를 위한 들뢰즈와 가타리〉 등이 있다.

건축가를 위한 푸코

Paul Kidder **저 / 장정제 옮김**
1판 발행 2013**년** 79**월** 10**일 발행**

발행인 | **김기현**
발행처 | **시공문화사 · *Spacetime***
등　록 | 1993**년** 3**월** 12**일**
주　소 | **서울시 서대문구 독립문공원길 17 극동프라자** 5**층**
전　화 | 02) 3147-1212, 2323
전　송 | 02) 3147-2626
ISBN 978-89-5592-271-4
http://www.spacetime.co.kr
spacetime@korea.com

정가 9,800**원**

차 례

시리즈 편집자의 머리글

이담 샤 Adam Sharr

건축가들은 흔히, 디자인 아이디어들을 위해서나 실무를 위한 어떤 비판적 틀을 찾으려고, 철학과 이론의 사상가들에게 시선을 돌려왔다. 건축가들과 건축학생들은 사상가들의 글들을 탐색하기 위해 분투할 수 있다. 그런데 텍스트들을 그 맥락에 대한 이해가 거의 없이 접근하는 것은 무척 힘들 수 있다. 그리고 기존의 소개서들이 건축자료들을 자세하게 탐색하는 경우가 거의 드물다. 이 최초의 시리즈는, 건축에 대해 서술한 핵심 사상가들을 분명하고, 빠르고, 정확하게 소개한다. 각각의 책은 한 사람의 사상가가 건축가들에게 마땅히 제공하고 있는 것을 요약한다. 그리고, 그들의 건축적 사고를 그들의 작업물에 위치시키고, 중요한 저서들과 에세이들을 소개하고, 용어들을 풀이하는 데 돕고, 더 읽을 참고문헌들을 신속히 제공한다. 건축에 대해 쓴 철학책과 이론서가 여러분에게 어렵다거나, 어디서 시작할지 모른다면, 이 시리즈는 필수적이다.

건축가를 위한 사상가Thinkers for Architects 시리즈의 책들은 건축에서 나온다. 이 책들이 추구하는 것은 건축적인 방식으로 이해하는 것으로서, 한 사람의 사상가를 건축 청중들에게 소개하는 것을 목표로 한다. 각각의 사상가는 하나의 고유하고 독특한 에토스를 지니고 있고, 각각의 책의 구조는 그러한 특징을 초점으로 삼는다. 탐색하는 사상가들은 엄청난 저자들로서, 어떠한 간단한 소개로도 그들의 작업의 일부만 거론할 수 있을 뿐이다. 각각의 저자(건축가 혹은 건축비평가)는, 자신이 디자이너나 건축 해석자에게 가장 적실하다고 판단하는 사상가의 글들에 선택적으로 주목했다. 불가피하게 많은 것이 배제될 것이다. 이 책들은, 건축가를 위한 한 사람의 특정 사상가에 대한 마지막 결론이라기보다는, 첫 번째 기준일 것이다. 이 책들

이 여러분들에게 한 사람의 특정 사상가의 원 저서들을 더 탐구하게 할 하나의 자극이 되어, 더 많은 독서를 장려할 수 있길 희망한다.

건축가를 위한 사상가Thinkers for Architects 시리즈는 아주 성공적인 것으로 판명이 되어, 이제 일곱 권으로 늘어나, 건축디자이너, 건축비평가, 그리고 건축논평자들에게 독특하고 중요한 방식으로 영향을 미친 글들을 쓴 낯익은 문화 인물들을 다룬다. 이 시리즈가 탐색하는 사상가들은, 들뢰즈와 가타리Gilles Deleuze and Felix Guattari, 하이데거Martin Heidegger, 이리가라이Luce Irigaray, 바바Homi Bhabha, 그리고 메를로 퐁티Maurice Merleau-Ponty인데, 곧 출판될 예정으로 잡힌 제목은 벤야민Walter Benjamin과 부르디외Pierre Bourdieu를 포함한다. 이 시리즈는 계속 확장해서, 건축가에게 무언가 할 말이 있는, 점차 풍부해지는 다양성을 띤 현대 사상가들을 거론할 것이다.

아담 샤Adam Sharr는, 카디프 대학Cardiff University 웰시 건축학부 조교수, 아담 샤 건축사무소 대표, 그리고 캠브리지 대학 출판사에서 발행한 *arq: Architectural Research Quarterly*의 편집인(웨스턴과 함께)이다. 그는 『하이데거의 오두막Heidegger's Hut. MIT Press, 2006』과 『건축가를 위한 하이데거Heidegger for Architects. Routledge, 2007』의 저자, 『통제를 벗어난 특성: 건축 측정의 표준들Quality Out of Control: Standards for Measuring Architecture. Routledge, 2010』과 원시: 『건축의 근본문제들Primitive: Original Matters in Architecture. Routledge, 2006』의 공동편집자다.

감사의 글

시리즈 편집장인 아담 샤Adam Sharr에게 가치 있는 논평과 도움을 준 것에 감사의 뜻을 전한다. 포드Fran Ford와 존슨Georgina Johnson에게 루틀리지 출판사로부터의 배려 깊은 지원에 감사하며, 편집에 도움을 준 윌리암슨Laura Williamson에게 감사의 뜻을 전한다.

또, 라투리Marina Lathouri에게 이 책의 초기 작업에 도움을 준 것에 감사하고 싶다. 커Megan Kerr에게는 마지막 탈고에 도움을 준 것을 감사하며, 라니에리Ranieri와 소피아Sofia에게는 때마다 원고를 읽고 수정해 준 것에 감사한다. 쿠신스Mark Cousins와 고인이 된 허스트Paul Q. Hirst에게 푸코의 개념들을 번역하는데 수년간 정보를 전해준 것과 추미Bernard Tschumi에게 이 책의 마지막 부분, 이벤트와 도시를 저술하는데 큰 도움을 받았다.

중요한 건축적 지식에 관하여 논의했던 고인이 된 보그다노비치 Bogdan Bogdanović에게도 감사한다. 또 나의 연구에 꼭 필요한 도움을 준 (AA) Graduate School에서 역사와 이론 프로그램을 진행한 고인이 된 랜도우Roy Landau에게도 감사한다. 나는 AA(Architectural Association)와 런던국립예술대학Central Saint Martins College of Arts 그리고 켄트 대학교University of Kent의 많은 학생들과 동료들에게도 많은 도움을 받았다. 그들은 나의 사고를 변화시켜주었고 이 프로젝트에 필요한 질문들과 관심사를 제시해주었다. 진심으로 감사의 뜻을 전하고 싶다. 켄트 대학 건축대학 그레이Don Gray 학장에게도 감사의 뜻을 전한다. 특별히 시간을 내서 초고 준비에 도움을 준 인문대학 라이데커Karl Leydecker 학과장에게도 감사한다.

도판 목록

머리말

프랑스 철학자 미셸 푸코Michel Foucault(1926-84)가 반복적으로 제시한 질문 중 하나는 바로 이것이다. *지식이란 무엇인가? What is knowledge? Qu'est-ce que le savoir?*

이 질문은 건축가들과 관련이 있을까? 만약 그렇다면 어떻게 관련이 있는가? 이 질문과 건축적 중요성에 그리고 푸코의 철학적 의문들에 답하기 위하여, 이 책은 푸코의 작업들이 건축, 건축적 지식, 건축 디자인 실무와 건축 역사와 이론, 건축 비평과 관련하여 어떠한 위치에 놓여있는가를 질문한다.

그의 철학 중 선택된 측면들에 집중하고 사유의 비판적 역사와 관련된 건축적 담론과 실무 작업에 대하여 논평함으로써 푸코의 철학적 작업들을 검색한다. 따라서 푸코의 담론과 함께 건축적으로 교차 혹은 생성된 영역을 펼쳐 보인다. 이러한 축약된 형식 때문에, 이 책은 그 발단부터 선택적이 되어야만 했다. 이러한 힘든 과제를 통해, 푸코적 사유의 학문적 범위와 관점 그리고 난해한 출처로부터 선택된 광범위한 논쟁과 참고서적들에서 푸코가 가진 뛰어난 지식들을 보이고자 했다.

건축적 지식에 영향을 미친 점들을 찾고자 교차 연구를 진행하기 위하여, 원전의 문맥들로부터 푸코의 주장을 빌려오는 것은 더 큰 도전이었다. 이러한 종류의 이론적 중재는 비평 활동에 참여하는 철학자 자신들의 접근을 통해 정당화될 수 있다. 그러한 작업이 이루어지는 곳에서 개념은 도구로 여겨진다. 동일하게 고정된 장소에 머물기를 거부하면서 푸코의 개념은 흔히 비껴가고 이동하며, 발전한다. 따라서 푸코의 역동적 사유는 건축적 논의를 위한 흥미로운 영역 자체가 되고 있다. 이 책은 그의 사유가 가진 역동성으로 채색된 토대를 세심하게 주목하였다.

이러한 종류의 사고방식은 푸코의 문제 중심적 담론의 한 일면이다. 문제 중심적 담론은 해당되는 원칙들의 집합으로 간단히 번역되지 않는다. 푸코의 텍스트는 견실한 기초를 제공하지 않는다. 담론들은 새로운 질문과 문제들을 생성하는 열려진 고고학적 그리고 계보학적인 토대로서 작동한다.(Cousins and Houssain 1984) 『건축가를 위한 푸코』는 건축적으로 관련된 지식과 지식의 배열들을 조명함으로써 분명히 드러낸다.

끊임없이 질문하고 문제를 도출하는 푸코의 사고방식은 그의 지적 여정의 하나가 되었다. 그의 일생을 통해, 푸코는 '해석하기' 를 시도한 것이 아니라, 오히려 그가 지속적으로 의문시하고 비틀어 그의 사유를 드러내는 과정을 통하여 '비판들' 을 생산하고자 시도했다. 이러한 방식으로 새로운 이론적 과제를 더함으로써, 그의 사유는 내적으로 변모해갔다.(During 1992:6) 깊은 사고의 공간으로 이끄는 이러한 사유의 민첩성 때문에, 푸코의 작업이 다른 모든 사람들 가운데 건축가에게 지속적으로 기운을 불어넣고 독창적이며 매력적인 것으로 살아있게 한다.

비록, 장소, 논쟁, 사유를 쉽게 이해하는 논의를 논리적으로 확장하기 위하여, 푸코의 인생에서 특정한 장소들(lieux), 도시와 건축적 환경이 언급될 것이기는 하지만, 『건축가를 위한 푸코』는 전기적인 내용을 얻고자 하는 것이 아니다. 푸코 자신의 작품에서의 요약들이 이 책의 우선적인 구조적 체계를 제시한다.(Foucault 1998: 459-63) 이 책에서 그가 사유를 통해 주체, 사물 그리고 주체와 사물의 가능한 관계들을 위치시키고 결정하는 행동들을 특별히 언급했다. 그는, 사유의 비판적 역사를 통해서, 주체가 사물을 위치시키는 상황과 형성을 해석했고 그 과정에서 지식이 구성되었다고 보았다.(1998:

462)

이 책은 다른 시리즈와 마찬가지로 매우 간결한 구성을 갖는다. 이 책은 동시대 시각으로부터 대중의 인식을 넘어서는 곳까지 푸코 담론을 재평가한다. 대중들은 건축 지식에 관한 푸코의 공헌이 단지 울타리, 교도소, 병원, 보호시설과 같은 건축적 영역에 한정되는 것으로 인식한다. 그러한 해석들은 우리가 푸코의 작업이 갖는 넓은 건축적 암시들을 이해하는 것을 방해한다. 이 책은 그러므로 푸코의 사고가 갖는 더 폭넓은 스펙트럼을 제시하고 지식, 고고학, 신체, 도시 공간, 미학, 공간성에 관여 논의를 분명히 제시한다.

첫 번째 장 푸코의 이해Positioning는 그의 최근 작업들과 중요한 사건events, 푸코의 자기 언급, 현대의 논쟁들이 보여주는 윤곽을 제시함으로 푸코 작업의 맥락을 언급한다. 다음에 이어지는 두 장에서는 두 개의 중심이 되는 푸코 해석의 흐름을 소개한다.

두 번째 장, 고고학Archaeology에서는 사고하는 개인(인식주체)의 조건들을 언급하고 푸코가 생각하는 주체가 되기 위해 필요한 것이 무엇인가를 한정한다. 즉, 그 혹은 그녀가 지식의 정당한 주체가 되기 위하여 어떠한 상태를 가져야만 하는가를 제시한다. 이 장은 푸코의 저서, 『말과 사물Order of Things』와 『지식의 고고학The Archaeology of Knowledge』에 연관된다. 건축적 작업들은 이후 장에서 다루어진다.

세 번째 장, 울타리Enclosure는 무엇인가가 지식의 대상object of knowledge이 될 수 있는 상태를 이해함으로써 지식의 대상을 언급하고자 한다. 특히, 정신병리학psychiatry, 임상의학clinical medicine과 처벌penality의 실재에서, 남성과 여성이 어떻게 푸코의 연구에서 객체가 되어 왔는지를 언급한다. 대감금great confinement의 출현과 보호시설의 발생, 임상의학과 교도소는 감시의 역할과 통제의 메커니즘 혹은 장치

dispositif로서 감시의 역할, 규율과 지식이 함께 논의된다. 『감시와 처벌Discipline and Punish』에서 잘 정리되었듯이, 이러한 예시는 역사에 대한 푸코의 계보학적 genealogical 접근이 갖는 변화를 명시한다. 이러한 담론에 참고문헌을 제시하는 건축가와 비평가에 의한 저서를 선택적으로 제시하여 결론을 맺는다.

네 번째 장, 신체Bodies는 그 자신 혹은 그녀 자신 스스로를 대변하여 앎의 대상으로서 주체에 관하여 논의하는 가운데 섹슈얼리티sexuality의 의문들을 언급한다. 4장의 내용적 범위는 자기 자신the self, 진실the truth, 그리고 고대와 기독교 시대에 삶의 양상들이 갖는 기술techniques에 관한 질문도 포함한다. 이러한 문제는 생체권력biopower과 도시 공동체집단을 고려한 논의를 유도한다. 이 장은 푸코의 연구 영역을 면밀하게 조사한 건축 비평가와 이론가들의 작업들을 참조한다.

다섯 번째 장, 공간성 / 미학(Spatiality / Aesthetics)은 푸코의 담론 중 미학, 공간, 공간성에 관한 양상들을 해석한다. 푸코 사유의 역동성에 관한 질문에 초점을 맞추어, 푸코가 그의 독자들의 마음을 지속적으로 사로잡고 있는 독창적이고 생기 있는 담론을 발전시킨 방식들을 가늠해보고자 했다. 이와 같은 사고방식은 끊임없이 담론의 공간을 실험하기를 요구한다. 그 담론의 공간에서, 보기seeing, 표면surface과 3차원적 초월성의 경험 모두가 가능해진다.

Chapter 1

푸코의 이해

1.1 맥락Context

푸코는 광범위한 학문적 호기심을 가진 사상가이다. 그의 관심은 철학으로부터 심리학 그리고 나아가 과학의 역사까지 탐독했다. 그의 열정은 문학적인 담론 그리고 정치적인 담론에까지 연결된다. 이러한 사실이 그를 삶, 지식 그리고 예술의 각기 다른 측면들 사이에, 매우 드물게 다리 놓을 수 있는 작업을 남긴 독창적 사상가로 만들었다.

푸코Paul-Michel Foucault는 1926년 10월 15일 프와티에Poitiers에서 태어났다. 그곳에서 어린 시절, 전쟁, 심리학적 문제들, 특정한 기행들로 유명했다. 물론 그는 어려서부터 지적으로 뛰어났다. 1946년 파리로 옮겨가 울름Ulm 거리의 고등사범학교École Normale Supérieure에서 수학했다. 푸코는 헤겔Hegel과 마르크스Marx의 철학을 접한다. 헤겔은 이폴리트Jean Hyppolite(1907-68)의 작업을 통해서 매우 심도 있게 연구되었다. 마르크스는 알튀세Louis Althusser(1918-90)를 탐독하면서 연구되었다. 두 연구는 푸코에게 깊은 인상을 남겼다. 그의 초기 두 저술, 빈스방거Ludwig Binswanger의 『꿈과 실존Dream and Existence』에 관한 입문서와 『정신병과 심리학Mental Illness and Psychology』은 1954년 이러한 상황에 대한 결과물로 씌어졌다. 울름의 거리에서 사르트르Jean-Paul Sartre (1905-80)와 연결되었던 메를로퐁티Maurice Merleau-Ponty(1908-61), 지각의 현상학자의 철학도 알게 된다.

사르트르는 푸코에게 직접적인 영향을 미치지는 않았다. 그럼에도 불구하고 사르트르는 1960년대 프랑스 철학과 실존주의적 지평을 결정짓는 중요한 사상가였으며 그의 철학은 푸코의 일생 대부분 동안 지속되었다. 푸코는 사르트르와 몇몇 관점을 공유했다. 부르주아 사회에 대한 반감과 예술가, 수감자, 동성애자와 같은 주변 소수자 집단에 대한 동정심을 공유했다. 철학적으로 푸코는 사르트르가 주체에 대하여 중요시했던 것들에 반대했다. 특히 그가 언급하는 초월적 나르시시즘이 그러하다. 그러므로 보편적 지성으로서 사르트르의 역할은 배제되었다. 사르트르와 푸코의 세대 사이의 차이에 관하여 논평이 요청되었을 때 그리고 푸코 이전 세대와의 차이에 관한 논평에서, 푸코는 개념에 대한 열망을 가진 그의 세대의 발견이 갖는 중요성을 강조하였다. 무엇보다도 구조로서의 시스템systems에 관하여 주목했다. 그리고 '의미meaning' 로부터 결별을 강조하였다.(Quinzaine litteraire 15 April 1966)

시스템에 대한 푸코의 열정과 판단의 중심에는 레비스트로스Claude Lévi-Strauss의 작업이 있는데 즉, 『야생의 사고La pensée sauvage』(1962)에 의한 것이다. 이 책은 의미에 관한 과거의 모든 신화들을 타파해 버렸다. 푸코에 의하면, 레비스트로스는 라캉Lacan이 무의식과 관련하여 논증하였던 것을 사회집단에 관하여 논증해냈다.

> 그 의미는 하나의 표면 효과, 아지랑이, 거품과 같았다. 그리고 우리를 꿰뚫고 지나가는 것이었고 우리 자신의 기저를 이루는 것이며, 우리 이전에 존재하는 것이었다. 그것은 시간과 공간에서 우리를 지속시키는 것이다. 그것은 바로 시스템이다.(Quinzaine litteraire 15 April 1966).

여기에서 푸코에 의하여 언급된 시스템은 공간적 분배의 개념을 암시한다. 마치 모든 시스템이 공간적으로 구축되어 있다는 것이다. 푸코는 레비스트로스와 라캉을 효과적으로 병치하였다. 이러한 과정은 언어의 구조와 시스템 사이에 연관관계를 밝히는데 라캉의 작업과 관련성을 환기하도록 했다. 프랑스 정신분석가 라캉이 환자와 신경증을 통해 말하는 바는 주체the subject가 아니라 언어의 획득된 시스템이라고 주장했다. 이러한 사실은 푸코로 하여금, 인간적 실존

이전에 담론적 지식discursive knowledge이 이미 존재하며, 우리는 시스템을 재발견하게 될 것이라고 언급했다.(Eribon 1993: 161) 그러므로 이러한 언어의 시스템이 가장 먼저 존재하는 것으로 받아들여진다. 이 언어의 시스템은 푸코가 추론적 지식이라고 정의한 것이다. 그러므로 푸코에게 있어서 기저의 시스템은 무엇보다도 먼저 나타난다. 비록 추론적 지식을 발견하는 프로세스가 어떠한 과정의 결과라고 해도.

푸코의 작업은 조르쥬 캉길렘Georges Canguilhem(1904-95)의 과학사와 과학철학에 미친 공헌으로부터 빌려왔다. 캉길렘은 푸코의 멘토이자, '광기의 역사' 라는 주제로 박사과정을 진행할 때 지도교수였다. 그는 푸코에게 있어 가장 중요한 일생의 후원자로 남았다. 생물학에 대한 캉길렘의 비평적 연구는 푸코가 인문 과학의 역사에서 성취하려고 했던 바의 모델을 제공했다. 바슐라르Gaston Bachelard의 작업에 토대를 두고, 캉길렘의 접근 방식은 푸코에게 불연속성의 감각, 과학의 파열들을 제공했다. 그리고 개념의 역사적 역할을 현상에 근거한 내포의 독립으로 이해하도록 만들었다. 캉길렘의 담론은 개념이 역사적으로 특정한 시대의 상황에 의하여 결정된다는 증거를 보임으로써, 과학적 지식의 모순을 드러내고 비판적으로 개념의 역할을 재조명했다. 이러한 접근은 푸코에게도 매우 중요한 작업으로 남았다. 푸코는 소쉬르Ferdinand de Saussure와 라캉의 연구를 각각 발전시켜 언어학과 정신분석학을 펼침으로써 그의 연구를 강화했다.

다른 측면에서, 푸코는 프랑스 아방가르드 문학과 예술에 매료되었다. 특히 조르쥬 바타유Georges Bataille, 모리스 블랑쇼Maurice Blanchot, 앙토냉 아르토Antonin Artaud, 장 주네Jean Genet, 피에르 클로소프스키Pierre Klossowski의 작품에 특히 매료되었다.(Foucault 1977) 여기에서 푸코는 그들 작품의 매우 직접적인 현상 속에서 경험적인 관심과 실존적인 관심의 구체적인 사례들을 발견한다. 그는 특별히 인간 행위에서 한계 체험liminal experiences에 관하여 관심을 가졌다. 한계 체험이 일어나는 곳에서는 이해 가능한 보편적 범주가 허물어진다. 이 사실은 푸코에게 또 다른 시각에서 (즉, 현상으로 이루어진 다른 체계로부터) 지식과 개념을 재고하게 만들었다.

이러한 다양한 지적, 예술적, 문학적 환경은 사유의 비판적 역사의 밑거름이 되었다. 그리고 푸코의 역사 비평에서 펼쳐지는 고고학적 접근과 계보학적 접근의 토대가 되었다. 그의 첫 번째 중요한 저서는 『광기의 역사Madness and Civilisation』(1961)이다. 이 책은 심리학적 연구로부터 시작되었다. 그리고 파리에 있는 성 안느 정신병원St Anne, a mental hospital을 방문함으로써 라캉과도 연결되었다. 광기의 역사는 푸코의 졸업 후, 스웨덴, 폴란드, 독일 등지에서 고전 연구와 교직을 맡았던 수년간(1955-9) 쓰여졌다. 광기의 역사는 18세기 말, 유럽에서 정신질환mental illness의 개념의 출현을 연구한 책이다. 푸코는 광기가 단지 정신병이라는 반박할 수 없는 과학적 진리에 반하는 사례를 제시했다. 그의 두 번째 저서 『임상 의학의 탄생The Birth of the Clinic』(1963)은 18세기 후반과 19세기 초반 임상병리학적 실재의 출현을 비판적으로 언급하면서 광기에 관한 질문을 이어갔다.

이러한 책 이후의 저서들을 출간하면서 푸코는 자신의 입지를 인정받았다. 1960년대는 프랑스 대학에서 몇몇 교수직을 맡았고 『말과 사물The Order of Things』 (1966)의 성공 이후, 널리 인정받았다. 말과 사물은 그를 누구나 아는 사람으로 만들어주었으며 프랑스에서 우상으로 떠올랐다. 『지식의 고고학The Archaeology of Knowledge』(1969)은 푸코가 튀니지에 머무는 동안 쓴 것이다. 방법론적 연구 논문으로 저술된 이 책은 함축적인 역사적 접근을 분명히 명시한다. 즉, 광기의 역사, 임상 의학의 탄생과 말과 사물에서 사용된 고고학적 접근을 분명히 명시한다. 같은 해, 푸코는 유명한 콜레주 드 프랑스College de France으로 가게 된다. 그리고 죽을 때까지 이 대학, 사상사

웁살라Uppsala - 그의 아파트 테이블에 앉은 푸코

학과the History of Systems of Thought의 교수로 재직했다.

푸코는 그의 삶에서 정치적으로 대립되는 여러 입장들에 연루되었다. 초기에는 1963년에는 정부위원회를 시작으로 정치적 집단의 창설에 참여했다. 1965년 교육부에 의하여 교육제도 개편에도 참여했다. 푸코의 정치참여는 지성적 행동주의자로서 사회개혁에 참여를 요구하는 정부에 대한 응답이었다. 또한 학생들의 요구에 의해, 그란제코르Grandes Ecoles의 엘리트 집단과 대중교육을 진행하던 대학들 사이에 있었던 마찰의 불만요인을 중재하고자 움직이기도 했다. 1970년대에는 그의 더 급진적 사상을 구체적으로 실현하기 위하여 정치적으로 더욱 활발히 활동하였다.

그의 주변인들 사이에서, 푸코의 평판은 여러 가지다. 비록 다른 사람들은 그를 의심의 눈초리로 보았지만 동료들로부터는 존경과 우정을 받았다. 그의 기이한 행동은 법에 의하여 금지되는 것에 대하여 저항하고, 인식을 구성하는 규율disciplines과 실천practices의 고착된 한계를 형성하는 것에까지 저항했다.

1968년 시위운동 이후, 푸코의 행동주의는 특히 뱅센느Vincennes의 새로운 대학 설립에 참여와 같은 정부와 지성인들 사이의 분열된 관계들로 결정된다. 이 시기에는 정부와 멀리하며 경찰과 물리적 충돌을 일으키기도 한다.(Eribon 1993: 201-11) 이후, 푸코의 임무는 새로운 대학의 교수진을 추대하는 것이었다. 그리고 그는 이러한 역할을 프랑스 지성의 활동무대를 변화시킬 기회로 삼았다. 푸코의 잘 알려진 성공적인 제안은 그의 퇴임 이후 미셸 세르Michel Serres, 쥬디스 밀러Judith Miller, 알랭 바디우Alan Badiou, 질 들뢰즈Gilles Deleuze를 초빙한 것이다.

푸코는 감옥 정보 모임Groupe d' information sur les prisons (Prison Information Group)의 설립자였으며 소수자 집단을 대표해서 이의를 제기했다. 그의 책 『감시와 처벌Discipline and Punish』(1975)은 현대 수감제도의 계보학적 연구이다. 이 책은 고문과 사형에 대한 저항의 글들이다. 푸코의 저서는 어떻게 그러한 변혁이 더 효율적인 규율이 될 수 있는가와 이러한 새로운 처벌의 방식이 어떻게 전체 사회 그리고 병원과 공장을 통제하기 위한 모형이 될 수 있는가를 분명하게 보여준다. 권력과 지식power/knowledge은 푸코의 양립적 개념이다. 적어도 이 개념은 인간 존재에 대한 연구로서, 권력의 목표와 지식의 목표가 분리될 수 없다는 것을 보여준다.

푸코는 프랑스 밖, 유럽, 일본, 미국에서도 강의했다. 캘리포니아대학교 버클리캠퍼스University of California, Berkeley에서는 정교수로 강의했다. 그의 마지막 연구는 섹슈얼리티의 역사를 연구하는 동안, 나머지 일생을 사로잡았던 고대 세계의 탐색으로부터 시작되었다. 『성의 역사The History of Sexuality』는 여러 권의 책으로 계획되었다. 첫 번째 책, 서론은 1976년에 〈앎의 의지Volonté de savoir〉라는 제목으로 출간되었다.(Foucault 1987a) 두 번째로 계획된 책, 〈육체의 고해The Confessions of the Flesh〉은 이후로도 출간되지 않았다. 제2권, 〈쾌락의 활용The Use of Pleasure〉과 제3권, 〈자기에 대한 배려The Care of the Self〉는 1984년에 대신 출간되었다.(Foucault 1987b and 1990)

『성의 역사The History of Sexuality』의 마지막 두 권과 동시에, 푸코의 정치적 참여가 갖는 본질도 변화했다. 그는 국민들의 행복을 확대하는 정부의 특별한 역할이 갖는 가능성에 흥미를 가지기 시작했다. 이러한 종류의 사유는, '개개인이 자기 자신을 만들어내는 방식'과 '자기 자신과 자유의 양상의 연구'에 집중하는 테마들과 연관된다. 이와 같은 변화의 원인과 푸코 담론의 방향 전환은 버클리에서 보낸 시간 동안을 포함해서 매우 많이 나타난다. 캘리포니아California는 웁살라Uppsala, 바르샤바Warsaw, 함부르크Hamburg, 튀니지Tunisia와 마찬가지로 그에게 여러 장소들 중 하나였다.

1981년 이후, 프랑스 사회당French Socialist party을 위한 푸코의 지지는 오래가지 않았다. 그는 정부의 수감자 문제에 대한 고려가 부족한 것에 대한 불만족스러운 내용을 발표했다.(Revue de l' Université Bruxelles 113, 1984: 37) 그 결과, 이러한 정치적 활동의 무력함은 그의 새로운 관심을 미학으로 돌려놓았으며 자아self의 개념에 관한 심도 싶은 탐색으로 나타했다. 얼마가지 않아, 결국 푸코는 에이즈AIDS로 고통 받으며 1984년 6월 25일 세상을 떠났다.

1981년, 콜레주 드 프랑스에서의 그의 강의는 사후에 출판되었다. 이 책은 그가 가진 사고에 매우 중요한 해석과 부가된 연구들을 포함하고 있다.

비록, 푸코가 모든 가설truth-claims의 사회적 결과물과 그 역사적 배경에 호기심을 가지고 있었다고 해도, 그의 스승 캉길렘Georges Canguilhem의 학풍에 따라 과학적 실재론자로 남았다. 푸코는 캉길렘을 평가하며 다음과 같이 썼다.

과학의 역사에서, 누구도 진리를 주어진 것으로 받아들일 수 없다. 또 누구도 진리와 관계 맺지 않고 그리고 진리와 거짓의 대립에 관계하지 않고 진리를 얻을 수 없다. 진리와 거짓의 질서에서 이러한 참조의 의미 관계가 과학의 역사에 특이성과 중요성을 제공한다.(1985a: 3)

푸코는 그러므로 이성주의자였다. 그가 과학성scientificity의 영역과 관련된 관념을 논의하였을 때부터, 그는 오귀스트 꽁트August Comte (1798-1857)를 넘어 삐에르 뒤엠Pierre Duhem(1861-1916)을 거쳐, 가스통 바슐라르Gaston Bachelard(1884-1962)와 루이 알튀세Louis Althusser(1918-90)에 이르는 프랑스 철학의 전통 속에 남아있었다.

푸코는 학자이기도 했고 불안한 소수자이기도 했다. 그는 자살 시도, 신경쇠약, 짧은 기간 동안의 보호시설 수감, 전과 기록 그리고 이른 죽음을 맞이했지만, 콜레주 드 프랑스의 최고 자리를 유지할 수 있었다. 그는 인권운동가human rights activist였고 여성을 혐오하는 남성임을 외칠 수 있는 인물로도 유명했다. 매우 정치적이고 심오한 개인주의자였으며, 두 개의 대립하는 실존의 모습을 계획하고 유지할 수 있는 멋쟁이였다. 그의 가장 절친한 동료로서, 뒤메질 Dumézil의 말에 따르면, 푸코는 많은 가면을 쓰고 있다고 했다.(Eribon 1993)

이러한 복잡성은 학문적 태도와 초월적 성향의 조화로 나타나는데, 쉽게 공유할 수 없는 것이었다. 푸코는 우선 그의 섹슈얼리티에 관한 문제로 고민했다. 그리고 그 일은 자아에 속한 사생활로 받아들였다. 그는 광기, 교도소, 섹슈얼리티에 관한 인식과 태도의 변화에 지대한 역할을 수행해 왔음에도 그의 작업이 공헌했던 제도권적 관계의 변화에 대하여 결코 대중에게 내비치지 않았다.(Eribon 1993: 154)

1.2 한계에 저항하기 Resisting boundaries

푸코의 저작들이 가진 매혹적인 부분은 규율의 한계에 저항하는 것이다. 그의 담론은 논리 자체에 따라서 유도된다. 보통의 학문적 영역이 가진 한계에는 아무런 관심도 없었다. 전통적으로 그들의 사회적 지위를 획득하게 했던, 철학 서적의 인정된 해석 과정들에도 저항했다. 비록 우리가 오늘날 다학문적 연구에 익숙해졌다고 하더라도, 손쉽고 흠잡을 데 없이 학문들과 논제들을 넘나드는 푸코의 능숙한 기술은 무시할 수 없는 대단한 본보기다.

이러한 글의 시작이 가능한 이유는 전통적인 지적 상황에서는 푸코의 개념은 전혀 작동하지 않기 때문이다. 그는 매우 정확하게 논증하였고 종종 논점을 뒤메질Georges Dumézil, 이폴리트Jean Hyppolite, 뷔유망Jules Vuillemin, 브로델Fernand Braudel과 같은 대담자들에게 유혹적이 될 만큼의 극적인 방향으로까지 몰아갔다.

그는 연구의 특정 주제에 적합하다고 여겨졌던 방법론과 접근방식은 더 이상은 존재하지 않는다고 주장했다. 사유 방식을 아무렇지 않게 구분하는 것은 더 이상 있을 수 없었다. 그는 옳다고 가정하는 방법론적 경로를 따름으로써, 학문적 안도감은 쉽게 획득되고, 결국 지성적인 우둔함에 도달한다고 보았다. 그는 역사를 연구하는데 있어, 그러한 방법론과 그 방법론에 의하여 창조되고 펼쳐지는 결과를, 이론적인 주의와 지속적인 경계심을 요구하는 범주를 통해 접근해야할 필요가 있다고 주장했다.(Cousins 1989: 126-39) 이러한 점은 건축의 역사에 대한 방법들, 접근 방식들, 결과물들에 대하여 동일하게 적용될 수 있다.

푸코가 예시한 바와 같이, 18세기부터 시작된 인문 과학에서의 변화는 건축은 물론 많은 학문적 분야의 특징이었다. 18세기 후반과 19

세기 초반, 프랑스의 건축적 지식은 합리화되어있었다. 그러므로 많은 초월적 특성들을 잃어버리게 된다. 비록, 비들러Anthony Vidler에 의하여 18세기 프랑스 건축의 비판적 역사와 같이, 주체성 확립에 뛰어난 기여를 했다하더라도, 건축적 담론은 여전히 도시 정책들 안에서 규범과 건축적 법률의 비판적 재현이라는 영역 안에서만 확장될 수 있다.

1.3 이야기되지 않은 건축 Architecture unspoken

건축과 도시계획에 관한 푸코의 의문은 다양한 측면에서 나타난다. 지식/담론 그리고 담론적 실천의 측면에서, 사회적 관계에 끼치는 건축적 영향의 측면에서, 몸의 통제와 대중의 통제를 달성하기 위한 기술적인 단어로서, 몸의 정치body politics와 생체권력biopower의 측면에서, 미학과 공간성의 측면에서도 나타난다. 또, 그의 담론은 직무 자체에 대한 비판적 접근에 있어서도 매우 중요하다.

그는 직업의 본질을 해석한다. 사회 내에서 그들의 목적을 진전시키기 위하여 형식화한 언어, 구축한 학교, 제도적 구조를 해석한다. 이러한 방식으로 푸코는 직업이 그 나름의 지위와 배타적 성격을 유지할 수 있도록 도왔다고 주장한다.

건축은 사회society, 평등equality, 자유liberty와 같은 용어들이 독자적 의미를 형식화하는 과정과 무관하지 않다는 것을 보여주면서, 푸코는 건축가가 비판적이 되어야 한다는 것을 깨닫게 한다. 그리고 건축가들은 인간의 자유를 구축하고 결정하고 혹은 전복시켜왔던 과정에서, 서로 다른 시기에 다양한 계급의 사람들과 연관되어 왔다. 건축이 인간의 삶을 간섭해 왔다는 것을 잊지 말아야 할 것이다. 사람들이 공간을 사용하고 점유해 왔던 방식을 통해서 그리고 미 beauty와 적합성propriety과 같이 미학적이고 윤리학적인 범주의 개별 감각을 통해서 간섭해 왔다.

디지털화와 글로벌 네트워크의 시대에, 건축 관련 기구들은 다시 한 번 자기 진단self examination의 과정에 놓이게 되었다. 이러한 현상들에도 불구하고, 새로운 커뮤니케이션의 상황은 전통적인 시스템을 바꾸어 놓았다. 이러한 현상은 정치와 무관하지도, 모두에게 열려있지도 않다. 공공의 개입이나 선거권의 책무를 무색하게 하는 글로벌 경제 세계에 의하여 대리 민주주의, 정부, 통치가능성은 한꺼번에 의미가 축소되고 있다. 이러한 상황에서 푸코의 해석은 새로운 관심을 불러일으킨다. 다음과 같은 질문을 재고하게 한다. 오늘날 권력의 관계와 지식을 결정하는 중요한 조건들은 무엇인가? 어떻게 이러한 현상이 출현하였는가? 디지털화, 인스턴트메세징instant messaging, 전 세계적 접근의 노출의 과정에서 무엇이 변화하였고 무엇이 변하지 않고 남겨져 있는가? 더욱이, 푸코에 의하여 제안된 인식론적인 개시가, 관습적으로 굳어진 사회적 지위에 즉, 관료, 은행가, 개발업자, 경영인, 건축가, 교수 등과 같은 현재의 상황 아래, 너무나 안정적인 사람들이 갖고 있는 사회적 지위에 지속적으로 도전할 수 있는 담론적이고 공간적인 범주로 변화될 수 있는가? 이러한 새로운 시작이 우리를 더욱 완성되고 훌륭하며 행복한 삶을 조건 지을 수 있는 건축으로 유도할 수 있는가?

그의 에세이. 〈공간, 지식 그리고 권력Space, Knowledge and Power〉에서, 푸코는 어떻게 건축을 '상호관계의 코드화와 함께, 동선을 조직화하고 공간에서 사람들을 특정한 방식으로 배치하는' 지원 요소로서 이해했는가를 설명한다.(1991b: 239-57)

푸코가 가진 건축과 건축의 역사에 대한 지식은 일반적으로 프랑스라는 지역적 상황에 제한되었다. 인문과학의 고고학적 연구에서, 그는 오직 비트루비우스Vitruvius의 연구만을 언급한다. 특징적으로, 일련의 15세기와 16세기 피렌체 건축과 베네치아 건축의 연구에 대한 언급을 누락시켰다. 동시에, 권력과 지식의 사회적 관계의 구체화가 가장 뛰어났던 프랑스적 상황은 푸코의 연구 작업을 가능하게 만든 원인이 되었다.

푸코는 18세기와 그 이후의 프랑스 건축의 사료를 언급했다. 이러한 연구는 그가 권력 관계의 모든 사회적 맥락에 제한을 받는 건축가의 역할을 인식하도록 유도함으로서 도시계획과 정부(경찰) 중심의 국가가 권력을 분배하는 경로가 되었음을 확인하였다. 푸코에 의하면, 건축가는 의사, 정신과 의사, 판사 혹은 교도소장과 달리 권력적이지 않았다. 아마도 어느 정도는 낙천적으로, 푸코는 개인이 그들 자신만의 공간을 점유할 능력이 있다고 믿었다. 그리고 건축가는 개인에게 거주 공간을 부과하고 결정할 능력이 없다고 믿었다. 사적 거주private dwellings는 저항resistance의 궁극적인 장소를 의미했기 때문이었다.

건축가의 자존감에 더 큰 충격을 준 것으로, 푸코는 자유를 표현하는 건축architecture of freedom과 같은 것은 없다고 주장했다. 왜냐하면, '해방됨' 은 누려야만 하는 무엇이며, 실천되어야 하는 것이며, 얻기 위해 투쟁해야만 하는 무엇이기 때문이다. 자유를 실행하기 위한 건축가의 주장에도 불구하고, 푸코는 자유란 어떠한 건축적 대상 혹은 공간이 소유할 수 없는 것이라고 믿었다. 그는 르 꼬르뷔제Le Corbusier와 근대건축운동the Modern movement에 관하여 잘 알고 있었다. 그리고 당시 르 꼬르뷔제의 비평을 과장되고 부정확하다고도 여겼다. 또, 근대 건축의 선구자들을 은밀한 스탈리주의자crypto-Stalinist와 같이 대우받는다고 언급했다. 1980년대 모더니즘modernism과 포스트모더니즘postmodernism의 논쟁에 대해서, 푸코의 입장은 어느 한쪽에도 편중되지 않았다. 모더니즘의 옹호하는데 있어서는 합리성을 지키는 태도를 밀고가면서 분명한 이해와 공감을 표명했다.(1991b: 245-9) 푸코는 언제나 모든 역사주의historicism적 방식에 근본적으로 반대했다. 예를 들어, 역사적 시대, 지리학적 장소, 혹은 문화에 주된 가치를 부과하는 사고방식, 그는 그러한 방식을 조롱했다.

다른 측면에서, 푸코의 사상은 거의 유기적으로 공간을 품고 그리고 또 다른 공간적 범주를 끌어안는다는 것을 주목할 필요가 있다. 그의 정신 병리학적 지식은 보호시설에 대한 관념, 혹은 의학의 역사에 관한 그의 연구, 임상 의학의 공간에 연관된 처벌 그리고 교도소에 관한 관념으로부터 발생했다. 그것은 그리 단순한 문제가 아니다. 푸코의 사상은 언제나 명백하게 공간적으로 형성되었다. 이러한 사유의 방식은 적어도 3개의 서로 다른 공간적 방식을 갖는다. a) 공간적 은유 : 주로 초기 에세이에 나타난다. b) 사유의 공간성을 구축하기 위한 모델로서 공간과 건축 : 『말과 사물』, 『지식의 고고학』에서 탁월하게 나타난다. c) 담론의 확장과 사회집단 내에서 실천으로서 건축 : 『광기의 역사』, 『임상 의학의 탄생』, 『감시와 처벌』에서 찾아볼 수 있다.

이러한 사유의 방식은 분명히 그의 개인적인 방법론이지만, 그 자신의 급진적인 사유로의 몰두는 푸코가 자신의 비판적 담론을 어떤 다른 장소에서 개시했음을 의미한다. 그 결과, 권력에 관한 담론을 풀어놓게 된다. 이러한 개시로부터 시작된 일련의 연작들은 과거의 억압의 크기에 비례하여 진행되었다. 푸코의 시각에서 보자면, 과거와 현재는 앎, 이해, 도덕체계의 수준에서, 완전히 다른 방식에서, 과거에 무엇이 있었는지를 보여주는 직접적인 조명 아래 놓이게 된다.

푸코는 그의 논의가 사회의 권력과 억압의 관계에 도전하고, 해석하고, 제거하는데 사용되어야 한다고 주장했다. 어떻게 우리의 지식이 그러한 근원적이고 결정적인 구조에 의존하고 있는가를 이해할 가능성은 그러한 맥락 안에서 사유와 자아를 해방시킬 수 있는 우리의 능력에 달려 있다. 매우 다양한 이유로, 이러한 해방은 쉽게 얻어지지 않는다. 푸코는 지식으로서 스스로 구축된 어떠한 규율 안에서 반복된 자기반성을 요구했다.

사회적 측면에서, 푸코는 혁명의 기간 동안, 정치 기구로부터 분리된 사회적 통치의 기술에 의하여, 불평등equality과 정의justice와 같은 계몽의 범주들이 시민들에게 진정으로 체감되기에 실패하였다는 것을 주장함으로써, 민주주의의 토대를 재고했다. 혁명이 발전시킨 통치의 형식이 현대의 대표적인 민주주의이다. 그러므로 푸코에 의하면 거의 아무도 모르게 권력과 정치가 분리되었다.(Donzelot 1979; Pasquino 1978; and Rajchman 1985)

푸코의 활동은 그가 종종 던졌던 질문, '사회에서 철학자의 역할은 무엇인가?' 라는 질문에 대한 대답과 무관하지 않다. 그의 대답은 다음과 같다.

> 철학자는 사회에서 역할을 맡고 있지 않다. 철학자의 사유는 어떤 집단의 현재 진행되는 움직임과 관련성을 가질 수가 없다. 소크라테스Socrates가 훌륭한 사례다. 아테네 사회는 그를 오직 위험한 인물로만 여겼다. 왜냐하면, 그가 제기한 문제들은 기존 질서가 받아들일 수 없는 것이기 때문이었다. 사실, 철학자의 역할은 오직 시간의 특정한 기간을 지나서만 인정받기 때문이다. 간단히 말해서 회고적 역할만을 가질 수 있다.(Carrette, ed. 1999: 85)

이러한 질문은 다른 질문이 뒤따른다. 그렇다면 어떻게 당신은 당신 자신을 사회에 융합시킬 것인가?

> 자아를 융합시킨다... ? 이미 알고 있듯이, 19세기까지, 철학자들은 인정받지 못했다. 데카르트Descartes는 수학자가 아니었다. 그리고 칸트Kant는 철학을 가르치지 않았다. 칸트는 인류학과 지리학을 가르쳤다. 여러분은 철학이 아니라 수사학rhetoric을 배웠다. 그러므로 철학자에게는 사회와 융합해야만 할 어떠한 필요도 없다.(1999: 85)

규율의 바뀌기 쉬운 상태에 관하여 심사수고하면서, 푸코는 인문학 the humanities의 역할에도 변화가 일어났음을 확인했다. 인문학은 예전에 교양학문liberal arts이 소유했던 해방을 위한 그리고 초월을 위한 권력을 획득하기를 그만두었다. 대신에, 인문학은 전점 새로운 형식의 훈육 혹은 문화적 자산을 이전하는 수단이 되어갔다. 우리는 여기에서 건축에 대해서도 동일한 비평을 가할 수 있다는 것으로, 더 이상의 언급은 멈추기로 한다. 건축은 잠재적으로 지식으로서의 본질을 포기할 수 있는가? 그리고 경제적인 서비스로서 또 다른 방식의 훈련이 될 수 있는가?

Chapter 2

고고학Archaeology

2.1 인문과학, 지식, 그리고 건축

Human sciences, knowledge and architecture

『말과 사물 : 인문과학의 고고학』에서의 인간과학의 발생에 대한 푸코의 연구는 획기적 연구이자 폭넓은 설득력을 가져왔다. 이 책의 영문판(1970) 머리말에서, 그는 이 책이 간과한 영역을 언급한다고 지적했다. 과학의 역사가 전통적으로 정밀한 과학으로서 수학, 우주론, 물리학과 같은 학문만을 논의해 왔다고 보았다. 그러한 학문의 역사에서, 모든 학자들은 진리와 순수 이성pure reason의 거의 끊임없는 출현만을 관찰할 수 있다.(1991: ix) 이러한 경험론적이고 부정확하고 불명확한 유형의 지식은 불안정한 담론의 증거들에 근거한다. 심리상태, 지적 유행, 고문archaisms의 조합, 추측과 직감과 같은 흔적에 의존한다. 그는 『말과 사물』에서 그러한 불안정한 담론에 관하여 기술했다.

건축적 지식은 실재적이며 과학적인 그리고 미학적인 다양한 기술들을 안고 있는 복합적인 학문의 혼합체이다. 푸코는 건축을 특별히 언급하지 않았으나, 우리는 어떻게 건축적 지식이 이러한 범주에 들어맞는지는 알 수 있다. 건축적 지식의 이러한 다면적인 혼합은 서로 다른 시기에, 서로 다른 관습의 총체에 따라 구성되어 왔다. 15세기와 16세기의 건축적 유산이 분명하게 특징짓는 것으로서, 질서의 결핍과 불안정한 경험적 지식이 갖는 인식 조건이 문제시 되었다. 이러한 문제는 마크 앙투안 로지에Marc-Antoine Laugier(1713-69)와 이 시기에 학습한 다른 건축가들이 그들의 저서에 옮기고자 시도했던 내용이다. 18세기 이후로 줄곧, 건축적 지식의 끊임없는 재설정은 건축가들의 논의가 가진 일부가 되어왔다.

그러한 까닭에, 인문 과학의 고고학에서, 푸코는 중대한 질문을 던진다. 과연 경험주의적 지식이 주어진 시기에서, 그리고 주어진 문화 안에서, 훌륭하게 정의된 규칙을 얻을 수 있을까?(1991: ix) 이러한 문제는 『말과 사물』에서 동시에 제시된 지식의 세 가지 해석으로 펼쳐졌다. 그 해석은 언어의 법칙에 대한 해석, 생명체에 대한 해석, 그리고 경제적 사실의 해석인데, 17세기로부터 20세기까지 줄곧 진행되어온 문제였다. 이러한 작업은 단지 특정한 시대의 연구에 관한 것이라고 할 수 없다. 그것은 특정한 시대의 징후를 규정하는 것이 아니기 때문이다. 『말과 사물』은 하나의 비교 연구이다. 일치된 다양한 사건들을 조사하고 비교하는 것이다. 또한, 시대의 바탕이 되는 지식에 관하여 비판적 의미를 규정하기 위한 것이다. 그 목적을 위하여, 언어, 생명체 혹은 경제학의 연구와 연관된 현상들의 근원을 드러내는 것일 뿐 아니라 비교를 통하여 이러한 현상들의 법칙을 주시하고 실험하는 것이다.

푸코는 모든 역사적인 시기는 근본적인 패러다임에 의하여 특징져진다는 것을 확실히 보여줬다. 이 패러다임은 지식의 특별한 유형들을 문화적으로 생산하는 윤곽을 그려냈다. 이 패러다임은 특별한 모범으로 이해되었다. 그는 이것을 에피스테메episteme로 불렀다. 에피스테메는 모든 지식에 의하여 공유된다. 에피스테메는 생성되는 모든 연관된 담론 혹은 작업을 가능하게 하고 결정하는 함축된 전제조건이다. 푸코는 영향력과 같은 어리석은 관념에 의존하여 이러한 문제들을 언급하는 과학의 전통적 역사를 반박했다. 그는 이러한 범주를 꼭 있어야 하는 내용, 누락된 내용으로 보지 않았다. 오히려 그는 지식의 또 다른 긍정적 무의식, 지식을 가능하게 하는 무의식을 드러내고자 의도했다. 이 무의식은 가능성을 그려내기 위하여 인간의 상상력을 요구했다.

에피스테메를 상세히 설명하면서, 푸코는 '문화 자체의 질서를 유지하는 코드'와 '그 반향' 사이에 위치하는 특별한 문화적 경험을 되살리고자 했다. 그는 이러한 경험을 질서의 순수 경험pure experience으로 불렀다.(Foucault 1991: xxi) 그의 이러한 접근 방식은 건축사와 같은 학문에서 자주 무시된다. 건축사는 질서화의 코드를 의문시하지도, 그러한 코드를 인식하지도 않고 아카이브에 접근하곤 했다.

이러한 종류의 사유가 갖는 복잡함은 『말과 사물』의 서문에서 표현되었다. 그 서문에서 보르헤스Borges가 예시한 특별한 중국 백과사전의 한 문단, 동물들의 매우 특유한 구분을 포함시켰다. 현재 매우 유명해진 이 분류법을 읽으면서, 우리 정신은 이러한 분류법을 진행시키는 사고를 구성하는 뜻밖의 전개와 급변에 당혹하게 된다. 마치, 그들의 사고방식과 우리의 사고방식 사이에 어떠한 공통점 혹은 어떠한 종류의 교차점을 갖는 지평도 가지지 않기 때문에, 본질적으로 전혀 다른 관념을 이해할 수 없는 것처럼, 그들의 분류는 전혀 다른 공간들에 정지된 것으로 남겨진다. 개념이 위치할 수 있는 비어있고 말로 나타낼 수 없는 영역으로서 배경의 중요성을 인정하면서, 푸코는 사고를 생성하는 공간적 메커니즘 그리고 일관성의 공유된 지식수준에 근거하는 공간적 메커니즘을 효율적으로 보여주었다.(Foucault 1991: xvii)

시녀들, 닮음과 재현 Las Meninas, resemblances and representation

『말과 사물』은 첫 장 '시녀들Las Meninas'로부터 유명한 서두를 시작한다. 들리는 바에 의하면, 그림을 넣은 첫 장은 푸코의 나중에 덧붙인 생각이다.(Eribon 1993: 155) 비록 『말과 사물』의 400년에 걸친 여러 켜를 가진 논의가, 이 첫 장이 없이도 훌륭하게 유지되지만, '시녀들'은 유럽 문화에서 지배적인 에피스테메의 변화를 도해하는 사례다. 이 장이 유사성에 의하여 규정된 세계로부터 재현의 시대로의 변화를 지적한다. 벨라스케스Diego Velazquez(1599-1660)의 그림,

'시녀들' 은 언어와 시각적 표현의 역할이 더 큰 규모로 변화하고 있는 시기에 그리고 이러한 비판적 시점에서 나타났기 때문에, 푸코가 이 그림을 깊이 있게 해석하게 만들었다. 그의 목적은 단순히 필립 4세 Philip IV의 왕궁에서의 초상화를 알아보기 위한 것뿐 아니라, 삶의 기저에 깔려있는 폭넓은 에피스테메의 근본적 조건들, 권력의 관계들, 예술의 역할을 결정하고자 하는 의도가 숨어있다. 그러므로 벨라스케스의 1656년 걸작에 대한 푸코의 해석은 그림의 구성, 시선, 전경과 후경의 이분법, 다양한 인물의 위치와 그들의 모습이 갖는 수수께끼 같은 구도를 고찰한다. 또 거울을 통해, 그림을 통해 혹은 둘 모두에서 고찰한다. 그는 관찰자와 묘사된 인물 사이의 불확정적인 관계를 창조하는 캔버스의 복잡한 뒤엉킴과 다중 시점의 배치를 탐색한다.

푸코는 '시녀들' 이 화가 특유의 재현이 갖는 복합성을 적절히 보여주는 그림이라고 언급한다. 벨라스케스는 관찰자의 관심을 유예시킨 채로 남겨둔다. 왜냐하면, 전체 그림은 그 자체로 하나의 광경이자 순수한 상호관계의 조건이 되는 무대로서 관찰되기 때문이다.(Foucault 1991: 14) 결과적으로, 누가 그림의 주인공이고 무엇이 주체인지를 분명하게 보여주지 않는다. 왕과 여왕의 영상이 거울에 비춰지며 화가가 누구를 주목하고 있는가를 보여주지 않으며, 어린 공주의 주변에 일단의 중심인물들이 주인공인지 혹은 그림을 그리는 화가가 주인공인지도 알 수 없다. 주제의 이러한 변화하는 위치들에 관하여. 푸코는 다음과 같이 제시했다.

> ... 전면에서 동시적으로 함께 무리를 이루고 또 흩어지는 이러한 분산의 중심에, 모든 측면으로부터 강제적으로 지시되는 필수적인 공백이 생성된다. 그림의 토대가 되는 필연적인 소멸이 존재한다. 달리 말하자면, 닮은 인물의 소멸 그리고 닮음으로서만 눈으로 확인하는 사람들의 소멸이 존재한다.(1991: 16)

사실상, 우리가 15세기의 관찰자의 위치에서 한 틀을 비교하려한다면, 그 상황은 달라질 것이다. 거기에서 그림의 주제를 얻을 수 있다. 알베르티Alberti의 극적 장면istoria으로서 대체로 성서적 이야기와 같은 회화의 주제는 주체에게 무엇을 보고, 읽고, 관찰할 것인가를 분명하게 제시한다. '시녀들' 의 회화적 사태에서 푸코가 논의한 것은 주체의 위치이다. 여기에서 주체의 위치는 동요되고, 궁극적으로 제거되다. 이전에 주체를 보류시켰던 관계로부터 자유로워질 수 있는 재현의 길을 만들어 낸다. 재현은 이제 그 순수한 형식으로서의 재현 자체를 제공한다.

과거에 주체를 보류시켰던 것은 유사성(닮음)의 지배적인 구조를 통해 사유 자체를 구축하였던 중세 후반과 16세기의 사유의 구조이다. 이러한 시스템은 완전히 기호들을 인식할 수 있는 사람들에게나 분명하게 드러나는, 그러한 기호를 해석하는 주체에 의존했다. 이러한 구조에서, 사유의 방식은 주체에 의하여 결정되고 주체의 지식, 인식, 상상력에 의존한다. 17세기 중반에 나타난 것과 같은 재현은, 더 이상 그러한 믿음과 규제에 토대를 두지 않았다. 이미지는 더욱 분명하고, 기술적이며, 동요되지 않는 확고한 것이 되었다. 그러므로 점점 더 주체로부터 독립적이 되었다.

이러한 현상은 도해되고 인쇄된 소재들의 확산을 중심으로 한 17세기 지식의 유포와 동시에 효력을 나타냈다. 유럽 주요 도시 주변으로 퍼져가고 있었던 팔라디오Palladio와 비뇰라Vignola의 작품 이미지를 포함한 책의 번역작업을 상상해보자. 그러한 책들은 15세기 도판이 없이 유포된 알베르티Alberti의 『건축론De re aedificatoria』와 같은 원고와는 확연히 차별화된다. 벨라스케스의 재능은 이러한 변화의 순간을 감각하고 그의 그림에 표현한 것이다. 그는 그렇게 함으로써 관찰자에게 그림이 가진 질서의 체계를 보여주었다.

푸코는 관찰자와 관련하여 권력 관계가 가진 틀은 물론 회화의 조건들, 크기, 공간적 배열, 화면 구성을 해석하기 위하여 벨라스케스의 '시녀들' 에 관하여 썼다. 우리는 관찰자가 잭슨 폴락Jackson Pollock이 그린 그림을 바라보는 이와 같은 상태에서, 동일하면서 다양한 조건들을 해석할 수 있다.

이러한 관점은 다미쉬Hubert Damisch가 쓴 투시도의 기원에 관한 책에서 뛰어나게 제기된다. 그는 시작부터 푸코를 언급하면서 투시도의 자기발견적인 권력의 대단함에 푸코가 공헌한 점을 지적한다. 그리고 매우 넓은 범위의 영역들을 가로질러 지속적으로 영향력을 발휘하는 사유 모델로서 그 가치를 지적했다.(Damisch 1995: xiii) 다미쉬는 푸코의 글, '시녀들' 이 끊임없는 감수성을 담은 철학적 담론을 이끌어 내는데 엄청난 성공을 거두었다고 결론지었다.(1995: 425-6) 스타인버그Leo Steinberg를 인용하면서, 벨라스케스의 걸작에 관한 어떠한 묘사도 부적절하며 불완전하게 남겨질 것이라고 주장했다. '시녀들' 은 결코 소진되어지지 않는 복합적 비평들을 스스로 제공하는 하나의 음악으로 비유될 수 있는 수준의 예술 작품이 되었기 때문이라고 했다.(Steinberg 1981: 45-54) 이러한 사실은 이 그림에 대한 푸코의 이론적이고 문화적인 해석이 보여준 성취와 충격을 보여주는 매우 중요한 증거이다.

매우 뛰어난 '세계의 산문The Prose of the World'이 '시녀들' 뒤에 이어진다. 여기에서 푸코는 세계 인식을 형식화하는데 있어, 15세기와 16세기 유사성의 시스템, 그 근거가 되는 에피스테메 그리고 그 역할을 묘사하기 위한 문제로 돌아간다. 그의 해석은 매우 치밀하다. 그의 자료들은 열정적으로 수집되었다. 푸코가 어떻게 상사성similitudes과 유사성resemblance이 서술을 이끌어 가는지 그리고 수세기 동안의 텍스트와 사건들의 해석을 이끌어 가는지를 설명하는 가운데, 독자는 인간 지식의 역사에서 극도로 생소한 요소를 함께 느낄 것이다. 유사성Resemblances은 4가지의 가장 두드러진 본질로서 콘베니엔티아convenientia, 아이물라티오aemulatio, 유비analogy, 감응sympathy으로 제시된다. 유사성은 동시에 어디에서나 편재하고 보이지 않는 실마리로 작동함으로써 상징의 역할을 구성하고 지식의 일반적인 뼈대를 제공한다. 이러한 방식으로 푸코는 삶과 지식의 여러 측면들을 포장하면서 세계의 통일된 관념이 유지된다고 주장한다.

이러한 유사성의 왕국과 재현의 출현에 관한 설명은 매우 독창적이고 현실적이며, 통찰력 있는 해석이다. 더욱이, 동시대 담론들과 융합된 푸코 연구에 대해 잘 알려진 양상들과 달리, 담론에 있어서 이러한 변화는 아직 완전히 평가되지 않았다. 이러한 상황은 이와 같은 지식에 효과적으로 접근하고 벗어나지 않은 채, 오래전에 유사성의 왕국에서 떠났기 때문이다. 그러한 의미에서, 유럽 사유의 역사에 있어 아주 긴 시간이 지나서, 푸코의 고고학적 접근은 새로운 발견을 유도했다. 지식의 시스템이 갖는 메커니즘을 획득함으로써, 사유 이전의 방식으로 들어가는 지점, 그 시발점을 발견할 수 있었다. 우리는 그것을 얻기가 어렵다는 것을 안다. 왜냐하면, 푸코는 수세기 동안 지체되고 불가능했던 깨달음의 대상이었던 사고하기를 열어 놓았기 때문이다. 그러므로 그는 텍스트의 고전들 안에 잠자고 있었던 사유를 깨우고 세계무대scaena mundi로서 이해의 가능성을 다시 불붙였다.(Foucault 1991: 17)

역사적인 연구를 가능하게 하는 이러한 무대를 구성하는데 있어, 푸코는 16세기 텍스트와 유물들을 이해하는 지침을 제공했다. 잊혀진 담론을 전면에 가져오면서, 푸코는 비밀스러운 논문들 사이에 그리고 고대의 선례들과 오늘날의 텍스트 읽기 사이에, 대화를 가능하게 만들었다. '어떻게 고대 사회를 발견해야할 기호들로 가득 찬 거대한 공간으로 인식하는가' 그리고 '어떻게 예언(prophecy, divinatio)과 박식함(erudition, eruditio)이 사유의 시스템에서 동일한 부분들이 되었는가' 를 설명한 것은 바로 푸코였다.(1991: 33-4)

이러한 논쟁의 전담자로서, 푸코는 18세기의 유산이 남겨준 인식론상의 간격이 갖는 본질을 명확히 표현했다. 그 결과, 그는 서양 사유의 역사에서 추론의 누락된 문장들을 제공했다. 그 부분이 왜 이 책이 나타나자마자 중요한 성공하였는가에 대한 이유이다.

재현의 범주가 출현하고 작동하는 것을 포함하는 언어, 자연의 창조물 그리고 경제학적 교환의 비교 발전에서 발견할 수 있는 규칙을 보여줌으로써, 『말과 사물』은 문화가 이러한 질서의 목록의 존재를 가능하게 하는 방식의 윤곽을 보여준다. 이러한 규칙은 예술과 건축에서도 그 나름의 유사한 방향으로 발전해 왔다. 최근 예술과 건축적 비평 이론은 그 함축된 의미를 전달하는 것과 연관된다.

히긴스Hannah Higgins의 책, 『그리드 북The Grid Book』(2009)은 독자에게 역사적 조건에 관하여 알려주는 교차된 담론의 목록을 제공한다. 열 개의 그리드, 즉 블록, 태블릿tablet, 격자형 도시 계획, 지도, 기보법musical notation, 원장ledger, 스크린screen, 가동 활자moveable type, 대량 생산된 상자manufactured box, 그물망net에 초점을 맞추어 그리드grid와 같은 관념의 활용과 이해를 결정하게 만드는 역사적 조건들을 소개한다. 히긴스는 그런 식으로 고고학의 형식에 주목함으로써, 그리드의 관념을 펼칠 수 있는 다양한 방식을 제공했다. 그녀는 지식 대한 푸코의 담론이 그녀의 비평서의 비판적 배경을 제공했다고 언급했다. 그녀는 푸코의 담론을 사회 집단의 사회적 흐름을 가능하게 하는 전달자로 정의 했다.(Higgins 2009: 185) 책 전체를 통해 『말과 사물』의 반향이 계속된다. 히긴스는 투시도법 회화의 스크린의 그리드가 현대의 과학, 고전적 역학, 영화 예술을 예고했다고 주장했다.(2009: 189)

단절과 에피스테메Ruptures and epistemes

인문과학에 대한 푸코의 고고학은 유럽 지식의 역사에 있어 두 거대한 단절을 보여준다. 그 하나는 17세기 중반에 가까워 생겨났는데, 우리가 고전 시대Classical Age라고 부르는 것의 시작을 의미한다. 그리고 두 번째 단절은 19세기 초반에 나타났는데 모던Modern Age의 시작으로 기록된다.

이러한 발견은 통일된 방식으로 명확하게 발전되어 온 서구 문화의 연속성에 대한 견해를 깨뜨린다. 관념과 주제의 수준에서 유사 연속성은 푸코에게 오직 표면적 모습일 뿐이다. 사유의 양식들에 대한 심도 있는 고고학적 연구 즉, 지배적 에피스테메에 관한 연구는 상이한 논리를 드러낸다. 그러므로 에피스테메의 기능은 특정한 시기에 그리고 특정한 문화에 대하여, 일반적 지식의 내면적 의미를 분명히 표현하고, 구축하고, 지도화mapping 하는 것이다. 고고학과 관련하여, 에피스테메는 사유가 확실한 언명으로 드러날 수 있게 하는 근원적인 가능성들이 매장된 기저를 관통한다. 푸코는 다음과 같이 주장했다.

> ... 어떠한 경우에도 하나의 사실은 분명하다. 지식의 일반적 공간에, 그 공간의 구성에, 그 공간에 나타나는 사물들의 존재 방식에 스스로 말을 거는 고고학은 새로운 확실성의 문턱을 결정하는데 필요 충분한 일련의 변화들과 동시성simultaneity의 구조를 정의한다.(Foucault 1991: xxiii)

푸코는 그러므로 18세기 동안 줄곧 재현의, 언어의, 본질적 규칙의 혹은 부와 가치의 이론들과 같은 주제별로, 분리된 지식들 사이에, 일련의 통일된 관계들을 확립할 수 있었다고 주장했다. 19세기 초반의 단절은, 재현에 의해 통제된 유형의 지식이 점점 존재하지 않게 되었다는 것을 의미한다. 반대로 새로운 유형의 지식이 점진적으로 발생했다. 이러한 사실은 오직 일치된 평면 내에 (규율의 목록들이 지도화되고 배치되고 재현된) 세밀한 분류학이 유포된 이후에나 가능했다. 디드로Diderot와 달랑베르d'Alembert의 백사과전은 가장 훌륭한 사례이다.

19세기에 발생한 새로운 지식은 역사성에 대한 깊은 집착을 불러일으켰다. 그리고 시간의 연속성에 의하여 함축된 질서의 형식을 낳았다. 푸코는 그래서 사물들은 점점 내적 성장이라는 측면에서 '시간적으로' 사유되었으나 '공간적으로는' 계열로서 사유되지 않았다. 이 점에서, 금융 거래monetary exchange의 해석은 정치 경제학political economy이 되었다. 생물 분류학taxonomy of organisms은 생물학biology으로 교체되었다. 무엇보다도 언어는 그 특권적 위치를 상실했다. 언어는 (자체의 과거가 갖는 밀도에 밀착된) 역사적 형식으로서 문헌학에서 연구되었다.(Foucault 1991: xxiii)

'내적인 성장의 지배적 원리'는 최고 권력인 시간을 통하여 유지되기 때문에, 화학, 의학 그리고 건축과 같은 다른 분야들에서도 현저하게 나타났다. 다쟁쿠르Seroux d'Agincourt(1730-1814)에 의하여 만들어진 것과 같은 분류법에 근거한 이전의 건축적 사유 시스템은, 건축물과 그 내적 구조의 기원을 추적하는 것으로 교체되었다. 19세기 건축의 맥락을 찾아보면, 젬퍼Gottfried Semper에 의한 이론적 작업, 『The Four Elements of Architecture』(1851)은 훌륭한 사례를 제시한다. 여기에서 건축의 기원은 4개의 중요한 요소(건강the hearth, 지붕the roof, 울타리the enclosure 그리고 흙무덤the mound)를 갖는 '내적

성장의 지배적 원리' 를 통하여 설명된다.(Semper 1989)

내면성interiority 혹은 내적 구조inner structure의 탐색에 의하여 유도된 성찰은 비슷한 방식으로 점점 더 인간의 연구와 관련을 맺어왔다. 결론적으로, 인류가 인간의 해부학, 진화, 인간 유형 그리고 상이한 인종적 진화 연구로서, 지식의 영역으로 들어섰다. 이러한 연구는 인류학과 심리학의 발생을 유도했다고 푸코는 주장한다. 동시에, 건축적 지식은 건축물의 내면을 탐색하고 구조와 건축 구조물의 내부에 대한 관심을 유도하였다. 인간의 거주와 관련하여, 가족 공간 내부에 대한 관심이 점차 증가했다. 이러한 현상은 주택에 대한 모더니스트의 기능주의적 해석으로 가는 길을 열어 주었다. 그리고 궁극적으로 기능주의functionalism로 유도했다.

인간의 장소는 성찰하는 주체의 장소가 된다. 그리고 과학적 학문들을 통한 성찰에 지배받는다. 이러한 사유의 프로세스 안에서, 과학적 학문들은 무조건적인 확신을 확립한다. 이러한 이해를 통해 푸코는 다음과 같이 언급했다. '우리에게 잘 알려져 있는 인간the human은 최근의 발명이며 지식의 균열을 통해 나타났다.' 그것은 사물의 오래 동안 지속된 비현실적 계획안에서 탄생했다. 그는 덧붙여.

> 위안이 되는 일이지만, 다음의 생각은 뿌리 깊은 믿음으로부터 기원한다. 인간은 단지 최근의 발명품이라는 사실, 아직 두 세기도 되지 않은 어떠한 형상이며 우리 지식의 새로운 주름이다. 그리고 인간은 지식이 새로운 형상을 발견하자마자 바로 사라질 것이다.(Foucault 1991: xxiii)

자주 인용된 이 문장은, 『말과 사물』의 서문 후반부에 다소 놀랍게 문맥과 달리 불쑥 나타난다. 이 문장은 우리가 그 의미를 완전히 붙잡지 못하도록 하는 다른 놀라운 힘을 가진 것처럼 보인다. 이미 알고 있듯이, 인간의 존재는 이미 소멸의 길을 가고 있다는 것을 확인하게 됨으로써 우리는 다시 유예된 채 남겨진다.

푸코에 의하여 예견된 단절은 아마 이미 우리 자신에게 내재되어 있을 것이다. 동시에 연구의 중심은 인간으로부터 시작하여 건축에 대한 직접적 함의를 갖는 환경으로 향하는 변화를 시작했다.

2.2 차이로서의 고고학Archaeology as difference

건축 연구에 있어 고고학적 접근은 다른 연구의 방법이 제공할 수 없는 그 무엇을 제공할 수 있는가? 고고학은 우리가 관념의 역사로서 알고 있는 영역과는 다른 것인가? 『지식의 고고학』에서 이러한 질문은 조심스럽게 다루어지는데, 푸코는 몇몇 암시를 통하여 그의 접근 방식이 갖는 중요한 차이의 윤곽을 드러낸다.

그의 제안은 과거와 과거의 유산에 대한 새롭고 신선한 실험을 포함한다. 이러한 방식은 기념비적인 것으로 아무런 편견이 없이 연구되어져야 한다. 이 접근방식은 특정한 외면성exteriority으로부터 얻어져야만 한다. 푸코에 의하면, 기념비들은 담론에서 드러나는 사유, 재현, 이미지 혹은 테마들이 아니다. 기념비는 오히려 아직까지 사유되어지지 않는 존재의, 명백하고 직접적인 자취와 흔적들을 담고 있다고 여겨진다.

이와 같은 사유 세계의 선입관이 없는 외면성은 결과적으로 새로운 사물들이 생성될 수 있게 할 것이다. 그러나 기존의 담론과 또 다른 담론들을 지속적으로 연결시키는 어떠한 연속성을 재발견하는 시도는 일어나지 않을 것이라고 푸코는 가정했다. 만약 건축 혹은 과학의 역사에서 그 의미를 찾는다면, 그 중요성은 모든 모험적 계획의 특별한 조건을 탐색하는데 있다. 그런 면에서 푸코는 개인에게 이름을 붙이거나, 현상에 일시를 결정하는 일에 특별히 관심을 갖지 않았다. 오히려, 어떠한 사유와 실천이 가능해질 수 있는 조건을 찾아내는 것에 관심을 가졌다.(Foucault 1985: 136)

고고학을 확립하는 동안, 푸코는 지식의 이름으로 주장되고 해석되는 권력과 교육 기관의 권리에 대한 의심에 사로 잡혔다. 일반적으로 해석의 관념이 가진 불안은 비슷한 회의론으로부터 유래한다. 푸코에 의하면, 결코 해석될 수 없다면, 그것은 해석할 것이 없기 때문이다. 항상 본래의 의미와 안정된 배경을 밝혀내기에는 너무 늦다. 왜냐하면, 모든 것은 언제나 이미 해석되어져 왔기 때문이다. 이러한 상황은 마치 기관 내의 훌륭한 연구자가 특권을 허락받는 것과 같이, 정치적이며 제도적인 결과들이다.(Foucault 1971: 192-201)

이러한 사실이 바로 왜 푸코가 고고학을 통해서 끊임없이 의지를 가지고 지식의 조건, 지식의 출현, 유포 그리고 개인에게 미치는 효과를 논증하고자 하는 이유이다. 그리고 다음 단계로 갈 것을 요구했다.

> 동일한 방향으로 조금 더 나아갔다가 그리고 되돌아옴으로, 마치 나선에서 새로운 회전에 의하여 내가 해야 할 일을 한 것처럼 되돌아오는 것으로, 나는 내가 이야기하고 있었던 입장을 보여주고 싶었다. 즉, 이러한 연구를 가능하게 하는 공간의 지도와 내가 결코 성취할 수 없는 다른 지도들을 보여주고 싶었다. 간단히 말해, '고고학'이라는 어휘에 의미를 부여하는 것이다. 고고학은 내가 지금까지 공백으로 남겨두었던 바로 그것이다.(Foucault 1985: jacket)

푸코에게, 이러한 광대한 영토는 거의 확정된 경계를 소유하지 않는다. 한정에 의한 경계들은 언제나 제한된 고찰만을 생산한다. 그리고 대화의 다양성을 축소하고 배제를 통해 성장했다. 정치적인 이유로, 그는 보통 이해되는 아우라aura의 매혹이 적은 세계를 선호했다. 푸코는 인류애humanity, 예술art 혹은 건축architecture와 같은 개념에 매료된다는 것은 현대 사회를 지배하는 장치들에 의하여 개인과 지식 사이에 관계를 불명료하게 만든다고 믿었다. 현대 사회가 개인과 지식 사이의 관계에 대한 훨씬 더 적은 관심을 통해 통치된다는 사실에 최근에 이와 같은 시각의 타당성은 더욱 커지고 있다. 놀랍게도 대학의 학문적 분위기도 그러하다. 오히려, 후기 자본주의 사회

에서, 수행성performativity에 관한 지식에 관심이 쏠리고 있다. (Lyotard 1979)

언술, 사건, 담론 구성체 Statements, events, discursive formations

이제 지식에 관한 푸코의 고고학에 있어, 중요하다고 판단되는 범주들에 관하여 이야기하고자 한다. 가장 두드러지게 나타나는 두 가지는 언술(statement, enonce)과 사건(event, evenement)이다. 간단히 말해, 이 두 범주는 고려의 대상으로서 현상과 직접적인 연결을 유지한다. 보통 말하듯이, 푸코에게 이 범주들은 서로 간에 아무런 어떠한 연결도 없다.

언술은 발화utterance 혹은 명제proposition를 발음하고 표현하는 담론에 있어서 다소 잊혀진 기본 단위로 여겨진다. 그와 같은 방식으로, 어떠한 담론에서도, 언술은 가장 중요한 역할을 한다. 복잡한 서사들로부터 언어를 해방시키위하여, 푸코는, 언술을 최초에 사건들이 개입되었던 것과 같이, 초기의 사건 양상으로 분리시킬 필요가 있다고 주장한다. 다시 말하면, 최초에 언급되었던 바대로 분리시켜야만 한다. 결과적으로, 푸코는 언술이 담론의 새로운 개체들로 재기술될 수 있는 방법을 열어주었다. 그의 방법론의 부분을 형성하는 담론 구성체를 정교하게 만들면서, 푸코는 분리disengagement의 과정과 새로운 담론 구성체의 조건을 제시했다.

> 우리가 묘사할 수 있는 때마다, 다수의 언술과 그러한 분산 시스템 사이에서, 언제나, 사물, 언술의 유형, 개념 혹은 주제 선택 사이에서, 누군가는 규칙적 패턴(질서, 상호관계, 위치. 기능, 변형)을 정의할 수 있을 때마다, 우리는 편의를 위하여 담론 구성체discursive formation를 다루고 있다고 이야기할 수 있다.

분명한 사례들을 제시하지 않고 단지 은유적으로 이야기함으로서, 담론을 묘사한다. 푸코는 '진행중인 작업a work in progress' 으로, 임시로 고정된 '사물과 말의 교차intersections of things and words' 로, 어떠한 종류의 ‘언어의 그물web of language’ 로 묘사한다. 그것은 ‘사물에 묶여 자리 잡고 있다sits chained to the things’ . 그는 담론의 어떠한 특권적이고 확립된 형식도 끊임없이 의심한다. 마치 폭넓은 접근을 제한하고 새로운 사유가 생성될 가능성을 방해하는 것처럼 여긴다. 비판적 해석에서, 누군가는 말과 사물 사이에 결합이 느슨해짐을 확인하고 담론적 실천discursive practices에 적절한 규칙을 생성하는 것을 확인할 것이라고 주장함으로써, 건축적 은유를 전개한다.

> 시스템의 가시적 파사드facade 뒤로, 누군가 무질서의 풍부한 불확정성을 가정한다. 그리고 담론의 얇은 외피 아래, 크게 침묵하는 성장의 전체 매스.(되기, devenir) 시스템의 질서로서가 아닌 하나의 시스템이전의 것(presystematic). 필연적인 침묵에 속해있는 담론 이전의 것(prediscursive). 담론과 시스템은 서로를 생산한다.(Foucault 1985: 76)

어떻게 지식의 외관facade이 불확실한 층인지 그리고 시스템이 절대적이고 경직되지 않고 깨지기 쉽고 변화하기 쉬운 것인가라는 질문을 하게 된다. 푸코는 담론의 얇은 외피가 시스템을 보호하고 형성하며, 이러한 방식으로 담론과 시스템은 상호작용하며 서로를 생산한다고 주장했다.

푸코는 개념, 과학 혹은 지식의 역사를 하나로 묶는 통합체들에 반대한다. 그는 전통tradition, 영향influence, 성장development, 진화evolution과 같은 범주들을 공격했다. 왜냐하면 그러한 범주들은 분산된 언술들과 사건들을 서로 연관시켜 동일한 구성 원리로 만듦으로써, 무리를 배치하기 때문이었다. 이러한 과정을 통해서, 그는 고르게 펴진 언술들과 분산된 사건들이

> 기원과 존속 사이의 영구적으로 전도가능한 관계를 통해서, 삶의 모범적인 권력에, 일관성의 원칙에, 시간의 지배에 종속된다고 주장했다.(Foucault 1985: 76)

언술과 사건은 그러므로 그들이 처음 시작된 순간에 가졌던 경계와

확실성을 잃는다. 이것은 어떠한 사건의 화법과 언술의 복제의 경우에서도 사실이다. 학문적으로, 2차적 사료를 활용하는데도 명백하다. 왜냐하면, 2차적 사료는 종종 확실한 자료의 일반화, 종합, 해석 혹은 평가와 관계하기 때문이다.

분산, 사건Dispersions, events

푸코의 용어, 분산dispersion은 그 구성을 예견할 수 없는 특별한 종류의 규칙성을 지시한다. 동질성과 근접성의 일반적이고 예견된 이해를 넘어서 나아가는 상이한 유형의 상호관계, 배치, 기능 그리고 변형과 관계할 수도 있기 때문이다. 다시 말하면, 만약 우리가 어떠한 연구를 시작한다면, 우리는 우연히 접할지도 모르는 그리고 전개하고자 하는 요소와 사료들의 본질과 항목에 관하여 고민할 필요가 없다. 그것은 다양해지고 분산되고 해체될 수 있다. 그리고 본질, 크기, 양상에 있어서 상당히 다른 것이 될 수 있다. 공통적으로 그러한 과정이 가져야할 것은 아직까지 발견되지 않은 규칙성이다. 그것은 일반적인 것과 예상되는 것을 넘어서 나아간다.

에세이, 『De-, Dis-, Ex-』(1996)에서 도시는 많은 가시적 시스템에 의한 분산dispersion과 이접disjunction의 장소들이라고 주장하면서, 추미Bernard Tschumi는 건축에서 유사한 상황을 인정했다. 추미는 그가 건축적 생산의 과정에서 존재하는 필연적 이접essential disjunction이라고 부르는 것과 연관시켜 푸코를 언급하였다. 추미의 지속적인 전략은 이러한 분산과 복합성을 장점으로 변화시키고자 하는데 있다. 그는 도시적 맥락이 갖는 근본적인 분산을 새로운 규칙성으로 파악할 수 있는 건축가의 역량이 도시 디자인에서 특유의 문제에 대한 새로운 창조적 해법을 발견하는데 기여할 수 있다고 주장했다.

사건에 대한 푸코의 이해를 반영하여, 추미는 건축에 있어서 이벤트의 범주가 중요한 개념임을 주장한다. 그러면서 프로그램이 없는 건

『지식의 고고학』에서 이벤트는 푸코에게 있어 단순화할 수 없는 범주이다. 그리고 사건event는 추미의 프로젝트, 라빌렛 공원Parc de la Villette에서 중요 개념 중 하나로서 두드러진다.

축, 행위 없는 프로그램, 사건 없는 행위는 존재하지 않는다고 언급했다. 추미에게 있어, 이러한 현상은 건축의 일부분이다. 그리고 건축가는 이러한 해석의 수준에서 작업해야 한다. 그의 네 권의 책으로 이루어진 『Event-Cities』는 이 주제를 연구하는데 기여했다. (2001; 2003; 2012)

도시에 관한 추미의 사고에서 사건은 지속적으로 중요한 위치를 차지했다. 『Event-Cities』 1~4 (1994~)

중요하게, 푸코는 시대정신의 패러다임은 동일한 목적의 공동체, 상징적 결합과 유사성의 상호작용을 보호하는데 사용되어 왔으므로 유예될 필요가 있다고 보았다. 그러한 패러다임은 그러한 방식이 아니면 유지되기 어려웠다.(1985: 76) 그는 항상 이러한 기성의 종합ready-made syntheses, 르네상스Renaissance 혹은 계몽운동 Enlightenment과 같은 어떠한 실험도 없이 그룹을 나누는 것에 의문을 가져야 한다고 강력히 주장했다.

건축가이자 역사가인 타푸리Manfredo Tafuri에게, 과거 사유 시스템에 관한 푸코의 비판적 해석은 매우 관련이 깊다. 『The Sphere and the Labyrinth』의 서론 에세이, '역사적 프로젝트Historical Project'(1980; 1987)에서, 타푸리는 역사와 건축에 대한 문제를 논의한다. 마르크스Marx, 니체Nietzsche, 벤야민Benjamin, 아도르노Adorno의 비판적 접근과 나란히, 푸코는 타푸리에게 중요한 영향을 끼쳤다. 건축의 역사와 이론에 관한 그의 책에서, 중요한 증거가 되는 언술과 일관된 통일성에 관한 의문을 발견할 수 있다. 그는 이러한 언술과 의문점은 푸코의 담론으로부터 빌려온 바가 크다. 역사적 시대 구분에 관한 타푸리의 비평 그리고 구체sphere와 미로labyrinth에 관한 개념에 대한 그의 언급은 푸코 사유에 대한 언급을 함축한다.

작가와 작품의 분산 Dispersing the author and the oeuvre

창조적 주체를 해석하기 위한 푸코의 지속적인 시도의 일부분으로, 그는 작품과 저자의 범주에 대한 반론을 주장했다. 그의 논의에 따르면, 저자 혹은 작품과 같은 범주들은 부적절한, 부정확한 그리고 오해하기 쉬운 개체를 생산한다. 결과적으로 고고학은 저자와 작품이 독자성을 주고받는 그 순간으로 되돌아가는 것을 의도하지 않는다.

건축의 역사, 이론, 비평에 관하여, 푸코의 연구는 매우 익숙해져 있는 분류와 구분에 문제를 제기한다. 푸코에 따르면, 우리는 특정한 어휘 혹은 구분은 정확하게 무엇을 의미하는지 언제나 확실히 알 수는 없다. 더욱이 건축, 문학, 정치와 같은 개념들은 조건부로 오직 중세 문화 혹은 고전적 유산에 적용될 수 있었다. 그의 주장에 따르면, 오늘날과 마찬가지로, 이 세 개념들 중 어느 것도 담론과 실천의 영역을 구축하지 못했다고 보았다.

> ... 책의 미개척된 영토는 결코 명백히 드러나지 않는다. 제목, 첫 문장 그리고 마지막 마침표를 넘어서, 내적인 구성과 독자적인 형식들을 넘어서, 다른 책들, 다른 본문들, 다른 문장들을 참조하는 특정한 시스템 내부에서, 책이 무엇인지 드러난다. 책은 어떠한 네트워크 내부에 존재하는 하나의 결절점이다.

건축물의 작가성은 마찬가지로 분명하게 정의 되지 않는다. 건축물은 하나의 개체가 아니다. 오히려 다른 건축물, 다른 건축가 그리고 다른 시공자에게 덕을 보고 있는 특별한 분산이다. 건축물은 건축과 그 밖의 연관된 담론의 네트워크 내부에 존재하는 하나의 결절점이다. 건축적 담론은 기능적, 미학적, 구조적, 의미적 담론과 같이 스스로 분산되고 개별적으로 결합된다.

건축에 있어서 작품의 전통적인 이해가 가진 가능성의 닫혀있음은 상상하기 어렵지 않다. 사실상, 동시대의 건축적 실천에서 진정성을 발견하는 것도 마찬가지다. 건축물의 작가정신이 한 개인에게 미치는 영향은 이미 구식이 된 말이다. 그러나 이러한 오래된 언어들은 여전히 현존한다. 왜냐하면 건축가의 역할에 대한 우리의 이해는 아주 오래 동안, 적어도 플라톤 이후로 작품에 대한 관념 내에 고착되어왔기 때문이다. 그와 반대되는 모든 증거들에도 불구하고 건축가 혹은 작품을 창조하는 작가에 대한 서구 문화의 뿌리 깊은 환상은 여전히 지배적이다. 건축의 진정 인식론적인 혹은 실천적인 조건들에 대한 사유보다는 오히려 미디어에 의하여 이해가 증진되는 가운데, 우리 문화는 여전히 개개인 건축가를 전능한 작가로 여긴다. 모든 것을 알고 있는 건축가의 신화는 고전의 시대로부터, 15세기 르네상스 작가들을 거쳐, 그리고 모더니즘의 창안자로부터 동시대 건축가들에 이르기까지 스스로 유지되어 왔다. 그러한 신화는 재고되고 유예되어야 할 필요가 있다. 이러한 신화는 어떠한 지식도 유포하지 않는다. 그리고 건축물에 대한 어떠한 진실도 전달하지 않는다. 이러한 신화는 서로 다른 시기에 직무를 통하여 확립된 환상과 권력 관계를 통하여 오도된다. 더 최근에, 후기 자본주의 문화에서 유통되고 소비되는 방송 이미지가 갖는 권력에 의하여 더욱 가속화되어 왔다.

푸코의 이해에 있어, 한 개인 즉, 작가에게 속해 있는 소유물로서 작품의 사유는 많은 선택을 미리 가정한다. 이러한 선택은 정당화하거나 정식화하기 어렵다. 건축에 관하여 보자면, 다음과 같은 문제를 포함할지도 모른다. 건축가의 작품은 어디에서 시작되고 어디에서 끝이 나는가? 건축적 드로잉의 위치는 무엇인가? 건축가가 포기한 것까지 포함해서 모든 드로잉, 스케치를 계산해 넣어야 하는가? 이름을 얻지 못한 많은 고용된 전문가들에 의하여 수행되는 작업은 어떤가? 자본주의의 법칙은 작가성의 진실을 전복시키는가?

비판적 해석에 참여하기 전에 어떠한 건축이 구성되어져 있는지에 관하여, 작가와 작품의 의문의 여지가 없는 연속성을 분산시킬 필요가 있다. 담론들 사이에서 가정되고 의심되지 않는 연속성의 형식들을 일단 정지시키면, 전체 영역은 열리게 된다. 이것은 잠재적인 새로운 개체들을 가능하게 하는 사건들과 마찬가지로, 그들의 분산 안에서 효과적인 언술의 영역이다.(Foucault 1985: 79)

기존의 연속성에 대한 분산에 대한 이러한 요구의 사례는 피터 아이젠만Peter Eisenman에 의하여, 그의 논설『The End of the Classical』(1984)에서 논의 된 바와 같이, '고전적classical' 인 것에 대한 관념이다. 여기에서 아이젠만은 그 관념을 극복할 필요에 고군분투하며 고전적 건축의 확대된 역할 그리고 르네상스 이후 그 가치를 비판했다. 고전은 20세기 모더니즘을 포함하여 수세기동안 서구 건축을 지탱한 지배적인 에피스테메가 되어 왔다. 비록 아방가르드의 주장과 그들의 표현에도 불구하고, 아이젠만은 최근 다섯 세기 동안 건축은 고전적 에피스테메로부터 급진적인 파괴를 달성하지는 못했다고 보았다. 그는 고전적 건축의 오래된 서사와 허구로부터 건축 언어를 근본적으로 해방시킬 것을 제안한다. 비록 푸코의 담론이 아이젠만이 그 자신의 사고를 정립하는데 도움을 주었으나, 아이젠만은 어휘, '고전적classical' 을 푸코가 했던 비슷한 방식으로 사용하지는 않았다는 것이 중요하다.

출현의 사건, 사물 그리고 표면Events, objects and surfaces of emergence

그것이 책이거나 건축물이거나, 어떠한 작품을 연구하기 전에, 푸코가 이야기 하듯이, 사건을 기술하는 것이 먼저 이루어질 필요가 있다. 문서 자료들은 이상적으로 중립적 방식으로 제공되는 사건으로 축소되어야만 한다. 푸코는 어떻게 그리고 왜 확립된 사건이 다른 방식으로 생성되어질 수 없는가를 보여주어야만 한다고 주장했다. 예를 들어, 비평은 레오나르도Leonardo 작품의 최근 전시에 관하여 기록하는 것이 아니라 레오나르도 다빈치에게 속한 회화, 드로잉, 스케치, 기록물의 전시를 둘러싼 사건들에 관한 기록이다. 비평의 목적은 현상이 발생한 고유 조건들로 복원되지 않도록 개체를 유예시키는 것이다. 그러한 과정을 이해하는 것은, 궁극적으로 지질학적 현상과는 전혀 다른 방식으로, 어떻게 개체와 불연속성이 본질적으로 우연적으로 발생하는가를 밝혀준다.(Foucault 1985: 27) 사실, 지식의 새로운 조건이 상이한 결과를 생산하는 것과 마찬가지로, 특정한 예술가와 건축가에게 회화와 드로잉이 기여하는 바를 재고할 필요가 있다.

담론적 사건은 건축에서 디자인 프로세스에 비유된다. 이러한 방식으로, 효과적인 언술의 분산은 스케치, 도면과 개요를 생산하는 건축가의 분산을 생각나게 한다. 어떠한 연구에서도, 중요한 순간 중 하나는 연구의 대상에 이름을 붙이는 것이다. 건축에 있어서, 이러한 사실들은 디자인 개요를 형식화하는 것과 관계된다. 마치 대상의 이름을 처음 붙이는 것은 디자인과 새로운 관계의 틀을 정의할 것이다. 성공적인 건축 디자인의 제안은 정확한 이해를 중지시키고, 이해방식을 기존의 요소로 분해하고, 그 요소들을 새로운 방식으로 유포하고, 그 결과, 예상한 것 이상의 디자인을 창조하는 것이다. 그러한 가능성이 있는 작품이 설계경기에서 당선된다는 것을 깨닫게 된다.

푸코는 사물의 이름을 붙이는 것뿐 아니라 이러한 발생이 지도화되는 표면에 중요한 초점을 맞췄다. 연구의 대상을 살아 움직이게 하는 것은 표면 위에 기록, 도표, 제도, 다이어그램을 제작하는 초기 프로세스를 통해서다. 이 프로세스는 합리와의 단계, 개념적 코드, 심사숙고 가능한 이론의 유형에 따라서 발생한다.

공간적 사유하기와 건축적 공간에 대한 함축을 가지고 기능하기 시작하는 한, 이 프로세스는 현상의 새로운 표현들을 작동하도록 할 것이다. 사실, 현장을 고려하고 흔히 말하는 현장 디자인을 만들어내는 건축적 담론과 실천은 건축에서 이러한 관점이 타당함을 증명한다. 다른 작가 중에서도, 앨런Stan Allen은 건축 영역을 형식화하는데, 각인된 외피의 관련성을 유창하게 주장했다. 그리고 그의 디자인 작업에서 자신의 의도를 추구했다.(Allen 1997: 24-31)

중요한 사실은, 푸코는 표현의 현상 혹은 이미 확립된 통합과 서사들의 해석으로서 담화를 이해하는 노력을 버렸다. 대신, 그는 주체성과 담론의 위치를 결정하는 규칙성의 영역을 탐구했다. 예들 들어, 쇼와이Francoise Choay의 『규칙과 모델Rule and the Model』(1980; 1997)은 르네상스의 지식을 구축했던 이전의 경계들에 관하여 질문하고 해체했다. 기존의 가정과 지배적 서사들에 급진적으로 도전함으로써, 쇼와이는 15세기와 16세기 건축의 출현과 유포에 관하여 면밀하게 해석했다. 그의 해석은 규칙, 모델과 같은 개념들에 집중되었다. 그는 어떻게 알베르티Alberti와 무어More의 제도적 텍스트가 형식화된 규칙성과 안정성을 표현하는가를 보여줌으로써, 이러한 새로운 시각의 타당성을 예시했다. 마치 형식화된 규칙성과 안정성은 그녀의 비판적 연구에 적합한 것처럼, 그들의 텍스트를 특별한 담론으로 만들었다.(Choay 1997: 9)

아카이브Archives

아카이브는 푸코에게 언술을 생산하고 담론 구성체를 표현하는 과정에서 하나의 사례로서 타당성을 갖는다. 그것은 단순한 저장소가 아니다. 특별한 종류의 어떤 장소이다. 다양한 무리의 언술들이 특별한 규칙과 실천에 따라 차이를 갖는 곳이다.

역사의 거대한 신화적 저작이었던 전통적인 아카이브 대신에, 푸코는 그가 '담론적 실천의 밀도'라고 말하는, (그들 자신의 조건과 현상의 영역을 갖는) 사건으로서의 언술 그리고 (그들 자신의 활용의 가능성을 갖는) 사물로서의 언술을 확립하는 시스템을 제안했다.(Foucault 1985: 128) 사건으로서 언술의 독창성에 대한 주장은 여기에서 담론적 실천과 사물의 영역으로 확장된다. 이러한 영역에서, 사물은 목적을 가진 대상으로 여겨진다. 그리고 실천은 신중한 고려가 필요한 밀도 있는 행위들로 여겨진다.

푸코는 이러한 시스템들을 아카이브라고 부를 것을 제안했다. 그리고 이 어휘를 사용하는 것이 모든 텍스트들의 종합을 의미하지는 않는다고 주장했다. 어떠한 문화는 그 자체의 부분인 문서들로서 혹은 지속적인 동일성의 증거로서 그러한 텍스트를 지켜왔다. 동시에 명백하게, 그는 누군가 기억하고자 하고 유포하고자 하는 담론을 기록, 유지를 가능하게 만드는 기관들, 미술관 그리고 전통적인 아카이브에 대해서는 아무런 관심도 없었다. 반대로, 푸코는 새로운 종류의 아카이브에 관심을 가졌다. 왜냐하면, 오래된 유형은 문제를 지니고 있었기 때문이다. 그 구성, 문서의 선택, 뒷받침하는 담론 등에 의하여 특정한 사물과 담론은 특권화되고 영속화된다. 그것은 장애물이다. 그리고 '왜 그렇게 많은 사물들이 그렇게 오래 동안 그렇게 많은 사람들에 의하여 언급되는가' 는 사유의 법칙 혹은 환경의 틀과 일치하여 생성되지는 않는다.(1985: 129)

이러한 분위기에서, 푸코는 다음과 같이 언급했다. 아카이브는 언술을 다른 모든 담론 아래 종속시키는 것 보다는, 우연한 방식으로 접목된 독창적 언술에 의해, 한층 더 효율적으로 작동한다. 언술을 종속시키는 담론은 아카이브를 생성시켜왔던 규칙성과 잘 맞지 않을 것이다. 그는 또 아카이브가 사물은 무정형의 매스 혹은 끊어지지 않는 선형으로 끝없이 누적되지 않도록 만든다고 덧붙였다. 사물들은 특별한 법칙에 따라 유지되거나 혹은 사라져가는 관계의 다양성을 허락하면서 분류될 필요가 있기 때문이다. 예를 들어, 푸코가 『감시와 처벌Discipline and Punish』에서 교도소의 출현에 관하여 썼을 때, 그는 18세기 프랑스를 배경으로 역사적인 사료와 문서의 거대한 아카이브를 누적시켰다. 그러나 그는 오직 개혁자들의 인도주의자적 관심에 의하여 교도소가 발생했다는 지배적인 관념에 도전했다. 그의 개별적인 아카이브 자료들을 따름으로써, 그는 세부항목들을 시험했다. 그리고 교도소의 출현을 유도한 문화 내부의 중요하게 간주되지 않은 변화를 추적했다. 푸코의 신체로의 집중과 권력에 대한 의문은 중요한 가설이 되었다.

그러므로 아카이브는 다양하다. 그리고 푸코의 논의에 따르면, 다양한 형상과 형식을 가질 수 있다. 아카이브는 언술을 위한 혹은 사물들이 살아 움직이기 위한 가능성의 시스템을 체화하고 규정한다. 아카이브는 언술 혹은 담론의 발생 방식을 규정한다. 결과적으로 지식을 규정한다. 푸코는 서사를 전통적 관념으로부터 분리시킨다. 왜냐하면 그의 아카이브는 전통적인 엄숙함을 가지지 않을 뿐 아니라, 시간과 공간을 넘어서 집중되는 도서관을 옹호하지도 않는다. 푸코의 아카이브는 전통과 망각 사이에 위치한다. 그리고 언술이 살아남고 수정할 수 있게 만든다.(1985: 130)

아카이브를 그 전체로 손에 포획하는 것은 불가능하다. 아카이브는 영역에 있어서 그리고 상이한 수준에서 단편적으로 생성된다. 우리는 우리 자신의 아카이브를 묘사할 수 없다. 왜냐하면, 아카이브는 우리가 말하는 규칙들 내부로부터 시작된다. 그리고 아카이브를 우리의 언술을 위한 저장소로 사용하기 때문이다.

> 아카이브의 해석은 또한 특권적 영역과 관련이 있다. 즉시 우리에게 친밀해지고 우리 자신의 현 존재와 다르다. 우리의 현존을 둘러싸고 있는 것은 시간의 경계이다. 그러한 현존이 아카이브 위로 불쑥 나타난다. 그리고 현존은 그 타자성안에서 아카이브를 드러낸다. 아카이브는 우리 자신의 밖에서 우리의 범위를 결정한다.

아카이브는 우리에게 우리가 이야기하고, 드로잉하고, 스케치하거나 글을 쓸 수 있는 무엇인가를 제공한다. 그러한 의미에서 아카이브는 모든 것을 포함하는 시스템이다. 푸코의 아카이브는 (가능한 문장을 구축하기 위한 시스템을 규정하는) 언어와 (말로 하는 어휘들을 수동적으로 수집하는) 아카이브의 물리적 특징 사이에서 공간적으로 결정된다.

동시에 푸코의 아카이브는 과거로부터 기록의 수동적 누적만은 아니다. 아카이브는 발어법의 능동적이며 지배적 시스템이다.

(Foucault 1985: 129) 아카이브는 담론 구성체로부터 방출되는 거대한 중얼거림에 항상 변화하는 형식을 제공한다. 아카이브는 의미의 집합 즉, 우리가 아카이브로 가져오는 정신적인 구조와 함께 변화하는 어떠한 형식을 갖는다. 푸코에 의하면, 언술에 따라 작동하는 아카이브를 묘사했던 것처럼 아카이브, 언술 그리고 담론 구성체 사이에는 능동적 관계가 존재한다.(1985: 130)

피오트로프스키Andrei Piotrowski의 『사유의 건축Architecture of Thought』은 몇몇 수준에서 푸코의 담론으로부터 빚을 지고 있다. 시작부터 푸코적 사유의 색채를 가리키면서, 푸코의 질문으로 책을 시작한다. 더 이상 특정한 사유를 사고할 수 없다는 것은 무엇을 의미하는가?(Piotrowski 2011: 1) 텍스트는 몇몇 푸코적 관념과 테마를 참고한다. 담론 구성체, 19세기 지식의 구성에 있어서 인식론적 변화, 실재의 생산, 관찰자의 기술 등이다.(2011: 268) 피오트로프스키는 사유, 실천 그리고 아카이브의 상이한 시스템들을 꿰뚫고 나아갔다. 동시에 담론의 숨겨진 은신처를 밝혀내면서 다른 주제들 가운데, 비잔티움Byzantium 건축의 역사, 메조아메리카Mezoamerica의 식민지화, 동유럽에서의 종교개혁과 반종교개혁, 모더니즘의 빅토리안 잉글랜드에서 소비자 문화의 발생이 갖는 영향 등과 같은 지식의 틈새로 관심을 이끌어 갔다.

그러므로 지난 30년 동안, 건축 역사학자, 이론가, 작가들에 의하여, 생겨난 직업의 실체가 존재한다. 이것은 지식의 고고학과 인문 과학에 대한 푸코의 독창적 텍스트를 참조한다. 이러한 건축적 이론의 작업에서, 철학, 역사, 문학, 예술, 정치학 등에서 끌어내는 푸코의 다학문적인 접근은 매우 관련이 깊은 것으로 증명된다. 이러한 텍스트의 심오하고 오랜 동안의 결과 중 하나는 건축적 지식, 건축의 역사와 이론에 대한 더욱 사려 깊고 미묘한 접근에서 분명해진다. 이 장은 '어떻게 푸코의 널리 알려진 지적이고 문화적인 정보가 지속적으로 건축에 충격을 미치는가' 와 '어떻게 이러한 사실이 그의 지식에 대한 일관되고 해석적인 고고학적 연구에 의존하는가' 를 예시한다.

Chapter 3

울타리Enclosure

3.1 광기Madness

『광기의 역사Madness and Civilisation』(1961)는 심리학과 정신 의학의 역사에 관한 푸코 연구의 결과로 나타났다. 이 책은 16세기로부터 20세기 초에 이르는 시간에 걸친 21,000 페이지에 달하는 문서를 바탕으로 한다. 이 책은 웁살라의 도서관에서 얻은 사료의 거대한 아카이브를 언급한다. 의학의 역사에 관한 의사 자신의 연구의 수집물들을 포함하여 월러 박사Dr Erik Waller로부터 얻은 사료들이다. 스웨덴의 아카이브는 푸코에게 매우 유용한 것이었다. 그는 이 아카이브를 체계적으로 탐색했다.(Eribon 1993: 83) 『광기의 역사』는 이러한 연구의 결과물이며 또한 푸코자신의 경험이자 현대 정신의학에 대한 의심의 결과이다. 그가 보기에 현대 정신의학은 관습적인 윤리를 유지시키는 통제의 형식이었다.

푸코에 의하면, 광인은 정신적으로 병든 것이며 사실상 의학적 치료가 필요한 상태이다. 그러나 의학적 치료는 '광인은 신비한 힘에 사로잡혀 있다는 16세기의 입장' 혹은 '정신착란으로서 18, 19세기의 광기에 대한 시각' 과 마찬가지로, 이전 상태에서부터 개선된 것은 아니다.

> 우리는 여전히 다른 형식들의 광기에 관한 역사를 쓰고 있다. 그들의 이웃을 제한하는 군주적 지성을 실천하는데 있어, 광기가 아닌 냉혹한 언어를 통해 서로 소통하고 인식하는 남성들에 의하여.(Foucault 2009: xi)

광기가 구분되지 않는 경험으로서 상상되는 그 시작의 기준점, 푸코는 그러한 중립적 지점으로 돌아오기를 요청했다. 그 이후로, 이러한 담론은 이후 줄곧 급진적 반향을 가져왔다. 푸코는 시작부터 이성과(혹은) 지식의 왕국으로부터, 광인을 축출한 대립된 범주보다는, 오히려 행위 혹은 태도에 있어서 단순한 차이로서 광기를 이해시키고자 하였다. 이러한 요구를 통하여, 푸코는 '이성과 광기를 분리하고 위치시키는 조건의 궤적'을 '나누어진 것' 즉, '모든 변화에 귀를 막는 것'으로 묘사하였다. 그리고 마치 서로에게 죽음과 같은 것으로 여겼다.(2009: xi) 그 둘 사이에 대화와 논의의 부족을 지적하면서, 책은, 후에 정신 의학적 치료에 어떠한 강제적인 접근을 발전시키고 정당화했던, 태도와 지적 입장에 직면하고 도전하며 새로운 결과를 이끌고자 한다. 전기적 쇼크와 같은 강제적 치료 방식들은 『광기의 역사』가 쓰여졌던 시기에도, 여전히 사용되고 있었다. 푸코는 이곳이 사유가 불편한 지대임을 인정했다. 그곳은 악의적 활용을 위하여, 진리로 밝혀짐으로써 얻어지는 무엇의 이익을 포기해야만 하는 곳이다. 그리고 광기에 관하여 이미 알고 있었던 바에 의해서는 결코 인도될 수 없는 곳이다. 그는 잠정적으로 정신 병리학의 기존 개념들을 부적절한 것으로 여기고 해체했다. 광기를 이성과 분리시켜왔던 행위들은 재고될 필요가 있었기 때문이다.

정신병과 환경Mental illness and environment

『정신병과 심리학Mental Illness and Psychology』(1954)에서, 푸코는 정신병에 관한 그의 모든 접근과 관련된 문제들을 소개했다. 그리고 정신 분석학에 대하여 특별히.

> 두 개의 질문이 저절로 제기된다. 심리학적 영역에서 어떠한 조건하에서 병을 언급할 수 있는가? 정신 병리학의 사실들과 유기적 병리학의 사실들 사이에는 어떠한 관계를 한정할 수 있는가?(Foucault 1987: 1)

푸코는 정신 병리학은 유기적 병리학의 방식과는 다른 해석의 방법들을 요구한다고 했다. 그리고, 동일한 의미를 신체의 병과 마음의 병에 적용할 수 있게 하는 언어의 계략과 기교에 의하여 가능하다고 보았다.(1987: 10) 푸코에게 정신 병리학과 광기에 관한 이러한 새롭고 상이한 담론의 형식화는 예술의 역할을 포함한다. 그는 종종 광기를 이야기하기 위하여, 시인의 재능을 가질 필요가 있다고 언급했다.(Eribon 1993: 70)

광기에 대한 푸코의 연구는 다면적이다. 그 연구는 언급할 만한 가치가 있는 여러 사료들로부터 발전되었다. 푸코는 그의 스승들의 작업을 토대로 구축되었다. 이폴리트의 소외와 환경적 조건들에 대한 이론화, 캉길렘의 과학의 역사에 대한 접근 그리고 라캉의 후기 프로이트주의다. 그리고 예술과 예술가들과의 다양한 경험에 대한 그 자신의 열린 사고에 근거한다.('1장' 을 참조할 것) 광기에 대한 그의 박사학위논문 주제를 소개하면서, 푸코는 그에게 영감을 불러일으켜준 인물로 라캉, 블랑쇼Blanchot, 루셀Roussel, 뒤메질을 나열했다. 히로니뮈스 보스Hieronymus Bosch, 브뢰겔Breughel 그리고 고야Goya와 같은 예술가들의 작품은 아르토Artaud 그리고 클로소프스키Klossowski 등 동시대 작가들과 마찬가지로 지속적으로 제시되고 있다. 이러한 예술가들과 작가들의 작품은 푸코의 작품을 통하여 줄곧 나타나는 참조로서 사용되었다.('5장 공간성/미학' 을 참조할 것)

1961년에 발표된 이후, 푸코의 『광기의 역사』는 이후 작업의 시야를 무의식중에 예고했다. 대감금의 해석은 권력, 관찰 그리고 감시의 의문을 증폭시켰다. 동시에, 지식과 언어의 사태가 광기와 이성 사이의 파괴된 대화를 비평함으로써 언급되었다. 푸코는 이러한 언어의 역사를 쓰고자 노력한 것이 아니라 이러한 침묵의 고고학을 쓰고자 했다.(2009: xii) 대화의 결핍에 관하여 지적한 때, 푸코는 드물게 이러한 조건들을 반성하는 언술들을 인용했다. 파스칼Pascal이 언급한 바와 같이, '인간은 필연적으로 미칠 필요가 있다 그러므로 미치지 않는다는 것이 다른 종류의 광기를 만들 것이다.' 비슷하게 푸코는 도스토예프스키Dostoyevsky로부터 인용한다. 자신의 정신이 온건

함을 확신하기 위하여 그 자신의 주변을 폐쇄시키는 것은 옳지 않다.(2009: xi)

이성/광기Reason/Madness

이성과 광기 사이의 대화의 결핍 즉, 침묵에 관하여 쓰는 것은 중세 시대로부터 광기라고 불렀던 그 무엇과 관계를 구축해왔던 서구 문화를 파헤치는 것을 의미했다. 푸코는 '어떻게 이성-광기라는 연결의 본질이 얼마나 비체계적이고 독단적인가'를 지적하였다. 두 부분들 사이의 관계에 대하여 설명하고자 이러한 양극성과 모순이 특색을 이뤄왔다. 그리고 그러한 특색은 서구 이성이 자신의 바닥을 다지는데 크게 도움을 받은 유럽 원형의 특질 중 하나를 구성한다. 푸코는, 보스 Bosch 이전에 오래 동안 서구 문화와 함께 했고 니체와 아르토 이후 오래 동안 유지되어 왔던 광기에 대한 이러한 기이함과 모호함을 인정했다.(Foucault 2009: xiii)

이성-광기의 관계는 둘 사이에 가정되어 있는 거리를 의심할 필요가 있다. 그리고 비이성적인 것을 이성에 복종시켜 왔음을 논증할 필요가 있다. 그렇게 함으로써, 수평적 층위와 수직성과 같은 기하학적 개념과 연관된 내포를 끌어들임으로써, 그는 이성-광기의 관계를 공간적으로 묘사한다. 푸코는 다음과 같은 의문을 던진다.

> 그 수평적 층위에서 이성을 따르는 것이 아니라, 유럽 문화를 사실 그대로가 아닌 어떤 문화에 직면시키는 항구적 수직성을, 시간 속에서 추적하는 질문은 우리를 어디로 유도할 수 있는가? 지식의 역사도 아니며 역사 그 자체도 아닌, 우리가 들어서려는 곳은 어떠한 왕국인가?(2009: xiii)

푸코는 이러한 영역을 면밀히 관찰했다. 그가 주장한 영역은 진리를 목적함도 아니고 원인들의 합리적 결과에 의하여 통제되는 것도 아니다. 그는 덧붙여, 여기에서 원인은 확립된 이성과 광기의 구분을 넘어 가치와 의미를 지닌다. 푸코는 이러한 영역이 혁신과 열림을 필요로 한다고 보았다. 그러한 곳에서 '이성과 이성이 아닌 것' 혹은 '광기와 광기가 아닌 것' 과 같은 동일성에 관한 질문은 모두 극복된다.

『광기의 역사』의 중요한 논의는 다수의 역사적 사건 주변으로 구조화된다. 1) 중세 후반의 나병 요양소(나병원, leper asylums)의 비워짐. 2) 종합병원Hopital Général의 설립과 1656년 파리의 대감금 3) 1794년, 피넬Pinel에 의한 18세기 후반의 광인의 해방. 푸코의 고전적 시기는 그러므로 '종합병원Hôpital Général의 창조(1656)' 와 '불행Bicetre안에 묶인 수감자들의 해방(1794)' 사이의 기간을 의미한다. 푸코에 의하면, 이 시기동안 광기와 이성 사이의 언어가 급진적으로 변화했다. 동시에 언어를 분명하게 하고 특수한 의미를 갖게 하는 새로운 구조가 형성되었다. 중요한 차이는 바로 이것이다. 이전의 광기에 대한 논쟁은 세계의 비밀스러운 권력에 맞서왔던 인간들이 참여한 드라마틱한 논쟁처럼 보여져왔다는 것이다.(2009: xiii-iv)

푸코는 계속했다. 이 드라마는 우리 시대와 분명한 대조를 보인다. 그 곳에서, 광기의 체험은 지식의 구성에 있어 아무 말도 보태지 않는다. 광기에 대하여 너무 많이 알고 있기 때문에, 지식은 광기를 망각해버리고 만다.(2009: xiv) 푸코는 중대한 일이 하나 남았다고 주장한다. 광기의 체험을 언급하는 것, 지식과 과학적 담론에 의하여 완전히 획득되기 전에, 광기를 재발견 하는 것이다. 더욱 더 중요하게, 광기가 스스로 표현할 수 있게 하는 것, 스스로 이야기할 수 있게 하는 것이 중요하다. 푸코는 진리의 영역에서 영구적으로 확립되어져 버리기 전에, 우리가 이 공모의 중요성을 규정할 필요가 있다고 언급하며 그 긴박함을 주장한다.(2009: xi)

이러한 경고가 1961년에, 지극히 중요했다면, 오늘날에는 더욱더 그러하다고 말하면 충분하다. 우리는 광기가 그 압도적인 풍부함과 우월함을 보여주는 사례들을 언급해도 좋겠다. 일본 아방가르드 예술가가 생각난다. 쿠사마Yayoi Kusama는 최근 런던과 전 세계에서 전시회를 가졌다. 그녀 자신의 선택에 의하여 정신 병원에서 상시 거주하기로 했다. 최근 런던에서 쿠사마의 작업들과의 만남은 이성 혹은 가장 복잡한 컴퓨터 프로그램도 제시하거나 구성할 수 없는 공간을 지각하고 경험하도록 해 주었다. 쿠사마의 작업, 우리가 광기라고 부를 수 있는 작업은 무한대의 공간이 갖는 개방, 깊이의 지각, 개인의 심상이 갖는 무제한의 가능성 그리고 세계와 보편개념의 관계에 관하여 의문을 증폭시킨다. 광기에 있어 특정한 인식론적 잠재력이 여전히 끌어안을 만한 것임을 보여준다.

배제의 공간 그리고 대감금 Spaces of exclusion and great confinements

『광기의 역사』 전체에서, 엄격함과 논의의 급진적 어조를 잃지 않으면서 푸코는 경제학적, 사법적, 의학적, 예술적인 다양한 층위에서 광기를 해석하며 하나의 기록에서 다른 기록으로 이동한다. 그의 박식함과 치밀한 열정은 지식의 역사에서 다양한 부문들을 가로질러 일관되게 나타난다. 예술적이며 건축적인 수준에서, 이 책은 중요한 화보를 담고 있다. 유럽 전체, 중세 도시의 경계부에 자리 잡은 이전의 나병 요양소가 쓸모없는 땅을 가로질러 있음을 보여준다. 이 공허하고 거주 불가능한 공간들과 같은 여러 대지들을 탐색하도록 유도한다. 뒤러Albrecht Dürer의 판화 혹은 더 최근의 잉그마르 베르히만Ingmar Bergman의 『제7의 봉인The Seventh Seal』(1957)으로부터 얻은 이미지들이 연상된다. 중요한 사료들, 문서와 기념비들을 인용하면서, 푸코는 이러한 공간들에 관하여 확률론적인 증거를 제공한다. 1226년 전후로 기독교세계 전체에 19,000여개의 나병 요양소가 있었다고 주장한다. 그 가운데, 프랑스에 2,000여개 그리고 파리에 43개가 있었다고 주장했다.

푸코에 의하면, 12세기 영국과 스코틀랜드에는 백오 십만의 거주자

『광기의 역사』에서, 푸코는 나병환자와 도시 경계부분에 장소들로서 나병 요양소를 논의한다. 여기에서 우리는 뒤러의 『열정Passion』 연작으로부터 16세기 나병환자를 표현한 것을 확인할 수 있다.

를 위한 220개의 나병 수용소가 있었다. 그들은 14세기 후반에서야 거의 근절된 나병과 여러 질병으로 고통 받았다. 가장 잘 알려진 장소들에는 리펀Ripon, 세인트 올번스St Albans, 로메날Romenal 그리고 켄트Kent의 채텀Chatham 등이 포함된다. 마지막 요양소는 채텀의 성 바르톨로뮤St Bartholomew로서 1078년 설립되었으며, 엘리자베스 1세 Queen Elizabeth I 시기에 사실상 비워져 1627년에 폐쇄되었다. 독일에서도 비슷한 사례들이 라이프치히Leipzig, 뮌헨Munich, 슈투트가르트 Stuttgart 그리고 함부르크Hamburg와 같은 도시들과 관련하여 언급되었다.(2009: 3) 나병 수용소 소멸 이후, 왕권과 프랑스 의회는 수용소 시설을 병원에 부속시켰다.(c.1693-5)
축하하고 환영받을 만한 폐쇄에도 불구하고, 푸코는 영구적인 흔적을 남긴 무엇인가가 이 도시들의 거주민의 정신에 남겨졌다고 주장한다. 배척의 가치와 이미지 그리고 그들이 얻은 사회적 중요성이 그것이다. 이러한 가치는 나병 자체보다도 더 지워지지 어려운 것이었다. 나병환자는 사라졌으나 도시적 체험의 사회적 구조는 남았다. 비슷한 장소에서 종종 배제의 공식들이 전략적으로 비슷하게 이삼백년 후에 반복될 것이다.(Foucault 2009: 4-5)

푸코의 책은 '바보들의 배Stultifera navis' 라는 제목의 장으로 시작된다. 그는 '바보들의 배' 에서 여행을 떠나는 리더의 역할을 받아들이는 것처럼 시작하다. 바보배Narrenschiff는 문학에서 자주 쓰이는 개념이며 회화의 주제이기도 하다. 그리고 현실이기도 하다. 광인을 배에 태워 보내는 것의 정확한 의미는 절대 분명하게 드러나지 않는다. 그러나 사람들은 도시에서 도시로 강을 거슬러 배를 타고 이동하는 동안, 애쓰지 않고 요구하지도 않은 현존을 소유해온 것으로 보여진다. 도시의 경계 밖으로 나가면서. 광인은 확 트인 시골지방에서 방황하는 것을 허락받는다.(Foucault 2009: 7) 이러한 관습은 라인강을 따라 특별히 독일에서 자주 일어난다. 푸코는 '바보들의 배' 가 그들의 이성을 찾아 떠나는 광인들의 매우 상징화된 화물들로 가득한 순례의 선박일 수 있다고 인정한다.(2009: 7)

광인의 위치는 그럼에도 불구하고 비극적이다. 그들은 배에서 기거한다. 또한 도시의 성벽과 성문으로 만들어진 도시의 경계에서 일시적인 장소들에 머문다. 이러한 광인의 배제는 또한 도시의 성벽 내부에서는 그들을 에워싼다. 도시의 벽은 출발점이자 통과의 지점이다. 푸코는 광인의 운명에 관하여 다음과 같이 썼다.

> 만약 그가 새로운 출발점 그 자체 일뿐 다른 감금의 상태를 가질 수 없거나 가져서는 안 된다면, 그는 통과의 지점에 서 있는 것이다. 그는 외부의 내부에 그리고 그 반대의 상황에 머물고 있다. 만약 이전에 가시적 질서의 요새 fortress of

order던 것이 현재 우리 의식의 성채castle of consciousness가 되었다는 것을 인정하기만 한다면, 그 상징적인 위치는 의심할 바 없이 오늘날까지 그의 자리로 질 것이다.(Foucault 2009: 8-9)

'사회적 질서의 요새'와 '우리 의식의 성채' 사이의 유사성은 중요한 공간적 정신적 유추다. 이 유추는 우리에게 인식된 위협과 그와 연관된 본질을 이야기해준다. 15세기와 그 이후 건축적 이론과 실천에 관련하여 성벽과 가로막음의 역할에 대한 주제 관하여, 이러한 현상의 비판적 평가를 제시하며 흔히 과장된 역사주의를 넘어서는 최근의 비평을 참고할 수 있다.(Hirst 2005; Fontana-Giusti 2011)

헤테로토피아heterotopia에 관한 이후 논의를 연상시키는 방법으로(제 5장을 참조할 것), 푸코는 유럽인의 환상 속에 물, 항해 그리고 광기 사이에 연계를 지적한다. 푸코는 많은 텍스트와 이미지의 주제가 되고 있는 바보들의 배라는 상징에 대한 동기가 특정한 사실에 있음을 사유한다. 그것은 중세 후반의 유럽문화의 지형선에 동트고 있는 거대한 불안을 상징화한 것이다. 위협과 냉소, 세계의 어지러운 무질서 그리고 인간에 대한 무기력한 조롱이 갖는 불안함 안에서, 광기와 광인은 중요한 상징이 된다.(Foucault 2009: 11)

무엇보다도 광기의 두 형식 사이에 나타난 균열, 첫 번째로, 15세기 마지막에 나타난 보스의 그림에서와 같은 광기. 그리고 에라스무스Erasmus의 『우신예찬In Praise of Folly』(1509)에서 묘사된 광기이다. 전자는 광기를 고민스럽고 망상적이며 위협적인 것으로 본다. 겉으로 보기에, 현상으로 이루어진 우리 세계의 진리가 사라져가는 은밀한 비밀을 드러내는 것으로 묘사한다. 반면에 후자는 이미 일정한 거리를 가진 광기 그리고 담론에서 발견할 수 있는 광기로서 여러 책에서 다듬어져 있고 대학에서 강의되고 있는 것이었다. 둘 사이의 간격은 이후로 점점 커져갔다.(Foucault 2009: 12-13)
푸코는 16세기와 17세기 초의 세계가 여전히 광기에 대하여 이상하

리만큼 호의적이었다고 설명한다. 유동하는 것으로서, 광기는 삶의 급작스러운 폭발과 같은 것이었다. 광기의 바람wind of madness, 바로크적 태도의 한 유형, 트롱프뢰유trompe-l'oeil이었다. 광기는 셰익스피어Shakespeare, 세르반테스Cervantes 그리고 그 동시대의 인물들에 의하여 희비극적 문학에서와 같이 드러난다.

이와 대조적으로, 17세기 후반 반세기 동안, 푸코가 대감금이라는 형식으로 묘사한 사건들이 일어나는 동안, 광기는 스스로 격리되고 추방되었다. 대감금은 광기를 이성의 주도적인 실천에 의하여 비판되고 침묵되며 배제되어야 하는 것으로 만들었다. 광기는 직접적으로 경제학, 정치학, 도덕적 그리고 종교적 주제와 결과물을 갖는 움직임에서 감금되고 축출되었다.

불쌍하고 미치고 빈곤하고 소외된 자들에 대한 인식이 이시기에 변화했다. 그들은 사회적인 위협으로 인식되었다. 17세기 후반, 엘리트 집단은 불상한 자들을 가두기 위한 창조적 시설들에 대하여 이성적이고 도덕적인 이론을 발명했다. 병원은 감금의 장소가 되었다. 부자들과 특권을 가진 자들에게 점진적으로 증가하고 어지러운 도시를 청결하게 만드는 것이 허락되었다. 불상한 사람들, 게으른 사람들, 거지들, 부랑자들, 거리에 내몰린 사람들, 난봉꾼들. 성병에 걸린 자들, 창부들, 동성애자들이 파리의 종합병원Hôpital Général과 같은 장소들의 성벽 뒤에서 비정상인들로 포함되었다.

종합병원은 중요한 왕궁들 그리고 다른 거대한 건축물들이 세워지고 강화되었던 시기에 설립되었다. 시테섬l'île de la Cité의 교구 병원Hôpital-Dieu을 포함해서 다수의 격리된 시설들도 있었다. 리베랄 브뤼앙Libéral Bruant(1635-97)은 루이 13세의 오래된 병기창을 살페트리에르 병원Pitié-Salpêtrière Hospital으로 개축하는 책임을 맡았다. 그 시기는 파리의 역동적인 시기로서 도시 개발, 건축과 도시 조경이 이루어졌다. 많은 작가들에 의하여 중요한 작품이 남겨졌다. 페로Claude Perrault(1613-88)는 루브르의 동측 입면에(1665-80), 르보Le Vau(1612-70)는 페레와 공동으로 베르샤유Versailles의 새로운 궁전에서 작업했다. 브뤼앙과 아르두앵 망사르Jules Hardouin-Mansart(1646-1708)는 앵발리드Les Invalides(1670-9)에서 작업했다. 망사르는 왕정 건물의 감리자가 되어 생 제르맹 앙 레Saint Germain en Laye의 성채 확장과 1675년부터 베르사유 궁을 감독하였다. 파리에 있는 망사르의 작업은 퐁 로열Pont-Royal, 생 로슈 교회Église Saint-Roch, 승리의 광장Place des Victoires(1684-6) 그리고 방돔 광장Place Vendôme(1690)이 있다. 노트르André Le Nôtre는 파리의 도시 축을 결정하는 튈르리 정원Tuilleries gardens(1665)의 조경에 기여했다. 그 도시 축은 여전히 서측 방향으로 라데팡스La Defense와 그 너머로 확장되었다.

그러므로 감금의 출현은 결정적인 일련의 도시적 형상들인, 새로운 도시의 중심을 설정하는 것, 도시의 새로운 랜드마크와 도시 성벽과 형상을 구축하는 것과 함께 이루어졌다. 새로운 건축물과 그들의 도시 성벽은 공간적 구성을 결정하였다. 그것은 군주제와 그 권력에 기여하기 위한 합리주의자들의 기하학을 통해 이루어졌다. 당시의 프랑스 군주제는 베르사유의 새로운 궁정으로부터 그리고 재구축된 수도로부터 통치되는 중앙 집중적 국가로서 확립되는 과정에 있었다. 모든 왕궁은 군주제의 증가하는 권력을 표현하기 위한 목적으로 기하학적으로 매혹적인 모습으로 디자인되었다. 귀족 정치를 새로운 궁정에 들여옴으로써 왕은 권력을 그의 통제 아래 두는데 성공했다. 동시에 루브르와 베르사유의 웅장함은 왕권의 장엄함과 엄격함을 함축했다. 결과적으로 불행한 자들에 대한 대감금과 집중된 왕권의 장엄함 사이에 유감스러운 상호 호혜적 관계의 경제학이 생겨났다. 대감금은 도시로서 파리를 위한 지위들과 발전을 위한 국가적 권력을 제공했다.

푸코는 17세기의 감금이 의학적 처방보다는 처벌을 조직화했다고 강조한다. 종합병원은 의학적 기관이 아니었다. 그것은 어느 정도 사법적인, 통치적 기관이었다. 이 기관에서는 법정 밖에서 심리하고 판결하고 집행하는 권력을 가졌다.

결론적으로, 18세기 동안, 경제학적 관점에서 보자면, 수용의 가치는 더 이상 합리적이지 않았다. 광기는 다시 스스로 독립되었다. 이 시기에 광기는 비이성(Unreason, Deraison)으로 불렸다. 광기의 독창적이고 창조적인 측면은 사라지고 광인은 격리되었다.(2009:192) 기관들의 건축은 이성의 확장과 적용으로서 인식된 프로세스에 따르고 스스로 공모자가 되었다.

3.2 수용소The Asylum

오늘날, 이탈리아 의사 치아루기Vincenzo Chiarugi(1759-1820)는 1785년에서 88년 사이에 피렌체의 산타 도로티아 병원Santa Dorotea hospital의 정신과질환 환자들을 사슬로부터 해방시킨 것으로 인정받았다. 결과적으로 프랑스의 피넬Philippe Pinel(1745-1826)보다 수년 전에 이뤄진 셈이다.(Gerard 1998: 381-403) 푸코에 의하면, 피넬이 빠리 지앵 비세트르 병원Parisian Bicêtre Hospital에서 광인들을 해방시킨 1794년의 사건은 수용소의 탄생으로 지적된다. 비록 환자들은 사슬에서 풀려났지만, 그들을 정신이상으로 치부한 의사들은 단지 수용소에 의학적 지식을 전달한 것이 아니었다. 반대로 수용소는 관찰, 진단, 치료를 시행하는 자유로운 영역이 아니었다. 그보다는 오히려.

> 수용소는 사법적 공간이다. 그곳에서 고발되고 심리하고 선고를 받았다. 그곳에서 심리적으로 깊은 곳에서 이러한 심리에 대한 개인적 소명에 의하지 않고는 결코 풀려날 수 없었다. 다시 말해서, 양심의 가책을 인정하지 않고서는 벗어날

수 없었다. 비록 수용소 밖에서는 무죄일 지라도 광기는 수용소에서 처벌받았을 것이다.(Foucault 2009: 269-72)

푸코는 피넬과 튜크William Tuke(1732-1822)가 과학적인 접근을 시도한 것은 아니라고 결론짓는다. 반대로, 권위주의적인 인간성을 채택하였다. 그것은 다른 행위들을 정당화하기 위해 과학으로부터 권력을 빌려온 것이었다.(2009: 269-72)

푸코는 다른 종류의 광기를 언급한 문서들을 해석했다. 그는 우울증, 히스테리, 건강염려증의 인정된 특징들을 독특하게 연구했다. 우울증의 징후들은 16세기와 17세기 초반 우선 4가지의 체액humours에 연결되어 있었다. 푸코는 초기 우울증의 체액 그리고 정신적 해석을 연구했다. 이러한 설명은 점진적으로 17세기 중반과 후반의 우울증의 기원에 관한 논의에 의하여 교체되었다. 새로운 논의는 새로운 접근을 시도했다. 상이한 종류의 광기를 논의하는데 있어, 푸코는 고전 시기 동안, 우울증, 히스테리, 건강염려증이 천천히 정신병으로 여겨지게 된다는 것을 지적한다. 그리고 18세기 후반의 인식적 변화를 밝혔다. 과거에 체액과 신체의 역학과 연관되었던 광기는 윤리성과 감수성의 문제로 변화하고 있었다.

의사와 환자에 관하여 쓰면서, 푸코는 광인의 치료법을 탐색하였다. 가장 중요한 관심사는 개인을 교정하고, 그들의 신경질적 기질과 망상을 치료하는 것이었다.(Foucault 2009: 151) 푸코는 특별히 치료의 사례들을 다음과 같이 목록화했다. 연약하고 유동적이며 급한 기질의 경화. 쓴 맛의 체액으로 오염된 피를 깨끗한 체액으로 대체하는 방식으로 이루어진 세정. 모든 유용한 자연적 물질들로 이루어진 가장 순수한 것으로 보여지는 용액과 관련된 침수. 운동의 제한. 당시 광기는 궁극적으로 정신, 관념 그리고 기질의 움직임이 갖는 불규칙한 동요로 보았기 때문이었다.(2009: 154-65)

푸코는 고전 시기에 신체적 치료법을 정신적 약물투약과 구분하는 시도는 무모하다고 인정한다. 왜냐하면, 간단히 말해, 심리학이 아직 존재하지 않았기 때문이었다. 푸코에 의하면, 심리학은 광기의 진리를 통해서가 아니다. 광기가 비이성적이었던 진리로부터 분리되었다는 기호로서 발생하였다. 그러한 심리학은 사물의 거대한 도식 속에서 표류하는 무의미한 그리고 목적도 없는 학문이었다.(2009: 187-8)

이러한 맥락에서 그는 광기로 다시 돌아가게 만든 프로이트의 공헌의 중요성을 상기시킨다. 푸코는 이를 최고로 강렬한 회복이라고 불렀다.(Foucault 2009: 188) 프로이트는 그의 '다섯 사례의 이야기 Five Case Histories '에서 중요한 걸음을 옮겼다. 푸코에 의하면 프로이트는 광기로 되돌아가 언어의 수준에서 광기의 필수적 경험, 실증주의적 철학에 의하여 침묵에 빠졌던 경험을 재구성했다. 두 사상가 사이에서 차이를 논증하는 것으로 그 중요성을 인정받았던 자네 Pierre Janet의 『심리치료Psychological Healing』(1925)에서의 사례도 마찬가지다. 그렇게 함으로써 푸코는 프로이트가 결정적으로 비이성과 대화의 가능성을 회복했다고 보았다. 당시 그러한 비이성적 경험은 심리학에 의하여 숨겨져 있었다.(Foucault 2009: 188)

『광기의 역사』는 정신의학과 정신의학적 지식의 근원에 관하여 무지한 상태에 있었던 대중에게 지대한 영향을 미쳤다. 사회학자들과 푸코의 동료들, 로베르 카스텔Robert Castel은 『광기의 역사』에 대한 1960년대의 반응을, '어떻게 이 책이 다양한 층위에서 역할 하였는가' 에 관하여 요약했다. 이 책은 바슐라르와 캉길렘의 작업의 연장선으로서 학문적 주제로 읽는 것이 가능했다. 그리고 동시에 로트레아몽Lautreamont 혹은 아르토와 같은 방식으로 숨겨진 것에 대한 어두운 권력을 파헤치는 책으로 읽힐 수도 있다. 카스텔은 다음과 같이 썼다.

이러한 역설적인 몽타주는 그의 작업에 독특한 지위를 제공했다. 누군가에게는 매혹적인 방식이었고 다른 이에게는 혼란스러운 것이었다. 혹은 동시에 느껴지기도 했다. 그러나 이러한 작업이 가진 주제들을 신뢰하는 것은, 어떠한 정확한 정치적 선택을 함의하는 것도, 실천적인 변화를 위한 어떠한 계획도 함의하지 않기 때문이다.(Castel 1986: 42-4)

이 책은 푸코의 작업이 가진 독창성으로 중요해진다. 이 책은 권력에 대한 관념과 미래의 이중적인 개념, 권력-지식에 새로운 견해를 부여한다. 푸코 자신은 회고하기를, 정확한 시약이 더해지자마자, 종이위에 확인 가능해 보이는 잉크로 쓰여진 모든 것이 나타났다. 그것은 바로 말의 권력이다.(Trombadori 1999: 77-8)

건축과 광기Architecture and madness

광기에 대한 푸코의 담론에 대한 추미의 참조는 에세이, '광기와 결합Madness and Combinative' (Tschumi 1996: 174-90) 그리고 파리, 라빌렛 공원의 폴리들Les Follies of Parc de la Villette의 디자인에서 나타났다. 추미는 광기가 20세기의 끝에 특징적인 위치를 도식화하는 라빌렛 공원 전체를 통해서 변하지 않는 참조의 관점이라고 주장한다. 용도, 형태, 사회적 가치 사이에 해체와 분해를 시도한다. 인간과 사물 사이에, 존재하는 것과 의미하는 것, 동시에 일어나지 않는 사건들은 니체로부터 푸코에까지, 조이스로부터 라캉에 까지 탐색되어 왔다. 그는 사람들과 사물들은 동질하고 통일성 있는 세계의 부분이 아니라고 덧붙였다.

> 푸코는 『광기의 역사』에서 정신이상이 사회학적 철학적 정신분석학적 본질에 관한 질문들을 양산하고 있는 방식들을 분석했다. 한편으로는 정상상태 즉, 훌륭한 건축으로 불리는 것들. 유형학, 근대건축운동의 교리, 합리주의, 최근 역사의 이즘들은 건축적 요소들이 만들어내는 유전학적 조합들에 의하여 제공되는 결과들 가운데 오직 하나의 가능성일 뿐이다. 다른 한편, 모든 집단들은 미치광이들, 비

> 정상인들 그리고 범죄자들이 그들 자신의 부정을 인정하기를 요구하는 것과 마찬가지로, 건축은 구축된 영역의 활용과 개념의 절대성 사이에서, 극단의 행위들 그리고 금기들을 항구적으로 진동하는 실체에 각인할 필요가 있었다. 여기에는 광기에 대한 지적 매혹으로 내려가려는 아무런 의도도 없다. 그러나 광기가 유약한 문화 혹은 사회적 질서를 유지하기 위하여 종종 부정되었던 무엇인가를 잘 만들어 냈다는 것을 오히려 강조하였다.(1996: 175)

비록 추미와 푸코 작업의 관련성을 논의한 바는 거의 없지만, 스위스 건축가들에 미친 영향력은 매우 분명하다. 이러한 저술에서, 추미는 유형학적 규범들에 도전했다. 마치 근대건축운동과 합리주의의 것과 같은, 흔히 말하는 훌륭한 건축과 다양한 교의들에 도전했다. 그는 근대건축운동과 합리주의가 건축의 조건에 의하여 출현한 가능성들로 보았다. 푸코와 마찬가지로, 그는 기존의 훌륭하다고 여기는 건축들이 오직 사회와 그 규범들에 의하여 새워진 틀 내에서 실재가 되는 가능성들로만 보았다. 그러한 배경에서 부적합하게 조정된 것과 이상한 것 역시 역할을 가지고 있다.

훨씬 전통적인 생각을 가진 건축역사가들조차 광기의 테마들 그리고 푸코의 텍스트에 의하여 열린 무대에 반응하였다. 에이에이 파일스 AA Files의 두 부분에 걸친 논문, '형태 영역에서의 병, 광기 그리고 범죄Sickness, Madness and Crime as the Grounds of Form' 에서 미들톤 Robin Middleton은 18세기 후반과 19세기의 병원, 수용소, 교도소 건축을 탐색했다. 그는 18세기 후반에 새롭게 출현하는 역동성을 발견했다. 미들톤은 푸코의 담론에 대하여 요약하기를 건축적 사실들과 관련하여 해석하여 제시했다.

> 봄spring이라고 하는 것은 무엇이든지간에, 가난한 자들은 그 이후부터는 일을 하는데 용기를 얻었다. 병든 자들, 비정상인들은 같은 목적으로 회복되고자 했다. 그리고 비슷하게 범죄자들도 그들의 과실을 벌충했다. 교정의 도구는 놀라우리만큼 충분하게 건축이 될 수 있었다.(Middleton 1992: 17)

미들톤은 건축이 가진 권력에 관하여 18세기 널리 퍼진 믿음이 합리주의자들의 입장을 인정하는 가운데 형성되었다고 주장한다. 정확성과 확실성으로 디자인된 건축물은 행위적인 그리고 건강과 윤리적인 문제들에 독자적으로 영향을 미칠 수 있다는 믿음이었다. 그는 1772년과 1778년, 파리 시립병원Hôtel-Dieu의 재건축에 200개 이상의 제안이 있었다고 언급한다. 그 가운데, 50여개가 넘은 제안들은 건축적인 것이었다. 그는 그 중 많은 제안들을 상세히 묘사했다. 드루C. N. Ledoux 그리고 샬그랭J. F. T. Chalgrin, 판세론Pierre Panseron, 르로이J. B. Leroy, 비엘C. F. Viel, 의사 프티Dr Antoine Petit의 벨빌Belleville 프로젝트와 백조의길Île des Cygnes의 여러 프로젝트들을 묘사했다. 1788년 프랑스 과학 아카데미Academie des Sciences의 위원회에 의하여 디자인된 일련의 병원디자인을 위한 웅장한 건축 모델링도 함께 소개했다. 이러한 많은 작품들은 결과적으로 에꼴 폴리테크니크 École Polytechnique의 건축가이자 건축 관련 전문가인 뒤랑Jean-Nicholas-Louis Durand(1760-1834)의 독창적인 작업으로 발표되었다. 『고대와 현대의 건축 작품에 대한 수집과 비교Receuil et parallele des edifice de tout genre, ancient and modern, 1799-1800』(Middleton 1992: 16-30) 결과적으로, 미들톤의 사례들은 푸코의 논의를 효과적적 방식으로 제공했다.

3.3 임상 의학The Clinic

『임상 의학의 탄생The Birth of the Clinic』(1963)은 의학적 인식과 현대 임상 의학의 비판에 관한 푸코의 고고학적 연구이다. 이 책은 『감시와 처벌』과 『성의 역사』의 뒤를 잇는 『광기의 역사』에 소개된 비판의 글들을 연장한다. 책은 의학의 출현에 관심을 갖고 1789년 프랑스 혁명 이후로부터 1820년대 프랑소아 요제프 빅터 브루세 François-Joseph-Victor Broussais에 의한 의학적 치료방식이 도래하는 시기까지 초점을 맞춘다. 푸코는 간단히 전통적 관점에서 의학의 역사에 관심을 갖는 것이 아니다. 오히려 그는 의료 과학 전반을 가로지르는 다수의 문제들을 연구하고자 한다. 그의 관심은 의료 과학을 전면에 내세우게 된 상황들과 어떻게 이러한 상황들이 당시에 지식의 일반적 언술과 관련되었는가에 집중한다. 그는 이러한 지식의 한계에 주목하고 또 다른 담론과 실천에 미친 의미들에 주목한다.

그는 스스로 『임상 의학의 탄생』이 응시와 관찰의 실천으로서 보기 seeing의 행위에 관한 공간, 언어, 죽음에 관한 책으로 여겼다. 중요한 논의는 의료 시술이 관찰에 근거하여 확립된 규율로서 나타난 방식들에 접근한다. 그 과정에서, 의사의 주시는 의료 시술이 체험의 영역과 그 합리성의 구조를 결정하게 된다.(Foucault 2010: xvii) 푸코에게 있어 관찰의 본질과 단일한 질병 기관의 해석은 전적으로 그 당시의 확립되고 구조화된 실천들에 의존하다. 그리고 실험, 진단, 치료는 동일한 인식론적 패턴에 따른다.

푸코는 일련의 사건들을 두 가지 수준에서 묘사한다. 그 하나는, 의학적 시선과 시체의 부검에 근거하는 '현대 해부 임상 의학의 탄생'과 그와 관련된 '18세기 후반과 19세기 초반의 특정한 사건들' 이다. 두 번째는, 정치적인 분위기이다. 모든 국민들의 건강에 증가하는 공약들을 진행시키기 위한 일반적인 변화들이다. 그러므로 『임상 의학의 탄생』은 의학적 시술의 독립된 양상들을 언급하면서, '인간의 의학' 과 '사회적 공간의 의학' 사이에 분명한 차이를 만들었다. 전자는 질병을 동일 집단 내에서, 그리고 의사와 환자 사이에 인정된 관례 속에서 범주화하고 진단하고 환자를 치료하는 것과 연관되었다. 후자는 공공의 보건과 관련되었다. 전염성 질병들의 발생과 위생의 보편적 계층과 관련된 처리 방식들에 연관되었다.

과학적 주시, 수술대 그리고 죽음의 구심적 역할의 탄생

The birth of the scientific gaze, the operating table and the centrality of death

전자에 관하여, 푸코는 두 가지 접근을 대조한다. 두 접근은 질병을 진단하는데 있어서 그리고 환자를 치료하는데 있어서 태도의 중요한 변화를 보여준다. 그에 다르면, 이러한 태도의 변화는 19세기 초반에 나타난 의학적 지식의 근원적인 상황에 있어서 변화를 반영한다. 그의 두 사례는 먼저 잘 알려진 프랑스 의사 뽐므Pierre Pomme로 시작한다. 그는 1750년대 히스테리 환자를 10개월 동안 매일 10~12시간, 목욕을 시켜 치료하고 완치하였다. 두 번째 사례는 벨Antoine Laurent Bayle이다. 그는 100년 정도 후 1820년대에 환자를 치료하는데 전혀 다른 방식을 사용하였다. 그는 환자의 뇌에 입은 외상과 일반적 마비상태의 연관성을 조사하였다. 병리학적 해부학의 시술에 나타난 관찰결과는 벨로 하여금 포괄적이고 분명한 방식으로, 부전마비 혹은 마비를 정확하게 진단할 수 있는 중요한 관계를 설정하도록 했다.

푸코에 의하면, 이러한 두 중요하고 상이한 접근방식은 의료 과학의 전면에 나타난 변화를 결정하는 것이다. 차이는 작지만 매우 중요하다. 그는 관찰에 근거하는 벨의 정성적인 묘사는 마치 가시 가능한 세계로 향한 우리 시선을 안내하는 사진과 같다. 반면, 뽐므는 많은 관찰이 없는 어떠한 판타지다. 푸코는 그러한 변화가 상상의 접근에 의하여 자발적 차이 때문이 아니라고 언급한다. 문제가 되는 것은 새로운 시야이다. 인간 신체 내부의 징후들과 그 징후들의 연결들을 바라보는 접근방식에 있다.

의학의 역사에 있어서 이러한 순간을 인정하고 정의하는데 있어서, 푸코는 중요한 공간과 연관된 관찰 결과를 내놓았다. 그는, 마치 고통의 징후들이 환자의 신체와 임상의학자들의 눈이 만나게 되는 공간에서 재분배 되어온 것처럼, 의사들의 주시가 지식과 고통 사이에 연관관계가 있다는 믿음을 강화시켰다고 논의한다.

그러므로 푸코의 주장에 따르면, 의학적 주시 그리고 그 공간적 형성은 의학 분야에서 뿐 아니라, 시대의 본질적인 에피스테메에 있어서 점진적으로 주도적 요소로서 특징화되었다. 그 본질은 매우 복잡하다. 주시는 잘 보존되며 주시의 강도는 이러한 주시에 대한 저항으로부터 생겨난다. 푸코의 말에 따르면, 단지 그것은 신중함이나 회의적 태도를 훈련하는 것으로는 충분하지 않다. 주시는 신체에 의한 사건들의 발생과 함께 진리를 회복하여야만 한다. 이러한 의미에서, 주시는 또한 분석적이다. 주시는 나름의 논리를 가져야만 한다. 그 논리는 완전히 그러한 인식의 우수성에 달려있다.

이러한 인식을 지원하고 과학적 정확성을 보장하는 진행과정은 시체의 해부와 연관된다. 열린 신체에 근거한 관찰이 해석되었으며 이러한 방식으로 얻어진 지식은 의료 과학의 중심 무대가 올라선 병리학적 해부학의 과학적 지식을 점진적으로 구성하게 되었다. 푸코에 의하면 중대한 사실은 이러한 지식이 일반적으로 다른 과학들과 지식의 조건들에 근거한 결과를 수용하였다는 것이다. 사물의 내부로 관통하는 동안 해부와 관찰을 통하여 작동하는 과학적 사고의 구조는 점진적으로 과학적 연구에서 가능한 모든 접근 방식이 되었다.

이러한 실제와 과정에 있어서, 푸코는 수술대의 역할을 인정한다.

> 사유로 하여금 세계의 존재들에 대하여 수술을 가능하게 만드는 서판 tabula. 동질성과 차이성을 나타내는 이름에 따라 사물들을 질서위에 배치하고 그것은 범주들로 구분하고 무리를 만들 수 있게 한다. 언어가 공간을 가로지르는 그 시간이 시작 된 이후로.(Foucault 1991: xvii)

이 수술대와 연관된 관찰과 병치의 장소가 갖는 상황들은 모든 과학에 영향을 끼친 임상의학의 유산이다. 임상의학의 발전은 19세기와 그 이후 건축에도 다수의 결과들을 낳았다. 이러한 결과는 적어도 두 측면에서 분명하다. 직접적으로 새로운 병원시설에 있어서 의학

시술을 위한 더 크고 훌륭한 공간을 디자인하는데. 간접적으로 비올레-르-뒤크Viollet-le-Duc(1814-79)의 건축적 작업에서 나타나는 바와 같이 오래된 건축물들의 진단, 해체 그리고 재활용을 시도하는데 있어서다. 그는 비즐레Vézelay의 로마네스크 수도원을 복원하였으며 프랑스의 1830년대 발전시킨 오래된 건축물을 복원하는데 훌륭한 태도를 지닌 옹호자였다. 건축물을 조사, 분해, 복원하는데 있어 이러한 태도는 당시 주도적인 사유 모델들과 연관된다. 푸코에 의하면, 그러한 사유 방식은 우선 병리학적 해부학과 의학적 시술에서 펼쳐진 의학적 주시에 토대를 두고 있었다.

푸코의 해석 가운데 뛰어난 점은, 임상 의학의 지식 구조에 있어서 '어떻게 죽음이 절대적 위치를 차지하는가' 에 대한 비판이다. 시체는 추적의 과학적 과정과 사건의 지도화가 시작되는 지점이 된다. 푸코는 서구 임상 의학에서 그리고 결론적인 과학적 지식에서 이러한 죽음의 구심성이 갖는 이상함을 인정했다.

개인을 고려한 그 첫 번째 과학적 담론이 죽음의 무대를 통과하여야 한다는 것은 우리 문화에 있어서 결정적인 사실로 남아 있음은 의심할 바 없는 진실이 될 것이다. 서구인들은 그의 눈을 통하여 과학의 대상으로서 자신을 구축할 수 있었다. 서구인은 그의 언어 내부에서 스스로를 획득하고 그리고 스스로 그리고 독자적으로 자신을 주시할 수 있었다. 그리고 오직 그 자신의 제거를 통하여 창조된 새로운 개시를 통해서 담론적 존재를 얻을 수 있었다.(Foucault 2010: 243)

푸코는 19세기 죽음의 구심성이 갖는 이상함과 신의 부재를 연결시켰다. 그는 현대 문화에서 개인의 경험은 죽음의 경험과 묶여 있다고 주장한다.

횔덜린Hölderlin의 엠페도클레스Empedocles에서 니체의 짜라투스투라Zarathustra에까지 그리고 프로이트적 사상가들에 이르기까지, 죽음과 연관된 끈질긴 관계는 보편적으로 하나의 얼굴로 규정된다. 그리고 각 개인들에게 영원히 들려올 권력을 빌려주었다.(Foucault 2010: 243)

19세기 동안 줄곧, 죽음과 관련된 견해들이 위생법의 발전을 통하여, 그리고 치명적인 질병의 확산을 막기 위한 투쟁과 관련하여, 사회적 실천과 규범들에서 나타났다. 이러한 사실은 거대 도시에서 특히 분명했다. 거대도시는 도시 빈민자들이 거주하는 고밀도의 영역들 내에서 많은 생명의 손실에 직면했다. 이러한 상황은 도시의 경계에 새로운 유형의 공동묘지를 계획하도록 유도했다. 중요한 사례는 파리의 페르 라셰즈Père Lachaise (1804)와 켄잘 그린Kensal Green (1832), 하이게이트Highgate(1839) 그리고 빅토리아 시기 런던의 7개 지역 중 다섯 곳이다. 푸코의 비판적 해석에서, 묘지의 공간은 다른 공간 즉, 이 책에서 뒤에 논의 될 헤테로토피아heterotopia에 속한다. (제 5장을 참조할 것)

건축, 임상 의학 그리고 도시Architecture, clinic and the city

푸코는 『치료 기관들Les machine a guérir』에 기고했다. 그 책은 현대 병원의 기원에 관하여 바렛크리겔Blandine Barret-Kriegel, 탈라미Anne Thalamy 그리고 포르티에Bruno Fortier가 1995년 공동으로 저작했다. 『치료 기관들』의 첫 작업은 두 연구 프로젝트, 푸코에 의하여 진행된 『집합적 장치들의 계보학Genealogy of Collective Equipment』과 포르티에에 의하여 1976년 독창적으로 수행된 『절대왕정체제 말기 파리 공간의 정치학Politics of space in Paris at the end of the Ancien Régime』의 결과물이다. 주제들은 입원 치료의 발전을 포함하여 공공 보건 위생이 수행되기 위한 장치들과 함께 건축물의 공간적 구조를 강조하였다. 책은 건축 역사와 의학의 역사 모두에 교차하고 기여한다.

우리는 푸코의 의학 역사 연구에 더 큰 영향을 비들러Anthony Vidler의 18세기 말과 19세기 초의 병원 시설의 구성에 관한 평가에서 발견할 수 있다.(Vidler 1989: 51-73) '위생의 정치적 지리학The political geography of health' 란 제목의 단편에서, 비들러는 의학의 발전에 관한 중요성을 언급한 푸코의 해석을 참조한다. 푸코의 연구는 도시 보건 위생에 관한 후속 정책들과 도시 병리학에 관한 것이다. 비들러는 혁명의 시기 동안, 부의 자연적인 분배에 관한 시각이 푸코가 언급한 자연 치료의 유토피아의 시각과 일치한다고 썼다. 비들러는 의학의 자연적 기원으로 돌아가고자 하는 19세기의 이상에 대한 푸코의 설명을 인용한다. 푸코는 식사 교육과 국민 체육을 통하여 질병의 방지를 언급했다. 그러한 시도는 의사와 병원시설을 쓸모없게 만들었다. 더욱이 비들러는 도시 병리학의 완전한 규율이 1789년 이후 발전되었으며 루비에르Audin-Rouviere의 『파리 의료에 대한 병리학적 에세이Essai sur la topographie-physique et medicale de Paris』로부터 시작되었고 오스망Haussmann의 도시적 시술로 끝맺는다고 주장한다. 비들러는 결론 맺기를, 질병의 방지에 대한 기대가 르두Ledoux의 '쇼 이상도시 계획안Ideal City of Chaux' 으로부터 르 꼬르뷔제Le Corbusier의 녹색 도시Ville Verte에 이르는 많은 도시적 유토피아 디자인에 영향을 미쳤다는 것은 그리 생소한 사례가 아니다.(Vidler 1989: 71)

그의 마지막 글, '거리의 풍경 : 이상과 실재에서의 변화The Scenes of the Street: Transformations in Ideal and Reality : 1750-1871' 에서, 비들러는 푸코의 18세기 사료들로부터, 『임상 의학의 탄생』에서 1781년 인용된 파리 시립병원Hôtel-Dieu에서의 의학적 시술에 관한 드쏘Desault의 묘사 등을 빌려왔다. 다시 비들러는 18세기 초반, 임상 의학에 있어서 과학적 에피스테메의 변형에 관한 푸코의 가장 중요한 주제를 따라간다. 그리고 건축과 도시계획에서 잠재적으로 대응하는 현상들을 지도화했다. 그러한 면에서, 비들러는 브론델Jacques-François Blondel의 학생이자 파리 1765년 계획의 작가로서 뻬에르 빠트Pierre Patte가 어떻게 하나의 계획에 다양한 도시 광장 프로젝트들을 함께 계획하였는가를 알아보았다. 그 광장 프로젝트들은 루이 15세의 동상을 위치시키기 위하여 설계경기에 제출되었던 것이다.(Vidler 2011: 30-1) 빠트는 이 계획안들을 거의 외과 시술적인 방식으로 새로운 계획들에 종합된 다양한 부분들을 조심스레 병치시키는 방식으로 완성했다. 비록 빠트의 계획은 라지에Laugier의 논문이 발표된 12년 후에 나타났지만, 비들러는 그러한 점에서 중요한 차이가 있음을 확인했다.

> 라지에의 건축가들은 정원사였다. 빠트의 건축가들을 외과의들이었다. 경작의 기술에 의하여 관리되었던 숲으로서의 도시는 이제 가벼운 아픔과 중한 질병의 다양한 상태를 갖는 그리고 의술에 의하여 치료되어야 하는 신체로서 여겨진다.(Vidler 2011: 32)

비들러는 처음 병든 환자로서 여겨지는 도시가, 곧 치료술을 가진 스스로 치유가능한 의사 자신으로 여겨진다는 것을 주장함으로써, 푸코의 의학적 유비를 확장하였다. 비들러는 혁명의 전야에 과학자들과 의사들은 그들의 관심을 완전히 도시에 집중하였다. 그것은 단지 그 도시의 부분들을 정화하기 위한 것만이 아니라 그 내부에 타고난 치료 가능한 개성들을 발전시키고자 하는 것이다.(Vidler 2011: 34) 그는 환기, 조명, 상하수도 시설, 새로운 병원 그리고 오래된 묘지들의 이전 등을 도시적 질병을 치료하는 요구들로 목록화했다. 그것은 정치적이고 시민적인 문제였다. 푸코의 사료들을 사용하여 절대왕정체제의 마지막 몇 년들에 있었던 도시계획을 설명하면서, 비들러는 파리를 통치하는데 연관된 사람들 사이에 널리 알려진 의견들을 언급했다.

> 출생으로부터 청결, 건강 체육 그리고 사회적 질병으로부터 해방됨에 대한 찬사를 통하여 ... 잘 교육된 인구들로 구성된 정상적이고 정돈된 국가 기관은 최종적으로 의학을 불필요한 것으로 간주할 것이다. 도시는 그때 건강의 장소이자 지속의 장소로서 정당한 역할을 수행할 수 있게 될 것이다. 도시의 거리, 매우 뛰어난 공공의 공간은 시민들의 공간을 회복할 것이며 축제와 같은 기능들을 수행할 것이다.(Vidler 2011: 35)

건강함, 자유로움, 축제 분위기와 같은 도시의 이러한 비전은 지속적으로 혁명의 시기에 실행되었다. 그러한 비전은 계획의 영역에서 이상향으로 남겨져 왔다.

3.4 교도소The Prison

이미 언급한 고고학적 접근과 대조적으로 『감시와 처벌』(1991a)(Surveiller et punir: 1975)은 푸코 연구가 사회적 비평과 역사에 대한 계보학적 접근으로 이동하고 있음을 보여준다. 푸코의 해석자들은 철학자로서 고고학과 계보학의 차이에 대하여 언급한 것이 다소 애매하다는 것에 동의한다. 사실, 푸코가 연구에 사용한 두 실천적 방법들은 유사한 것으로 보여진다. 그러나 만약, 고고학이 지식의 효율적인 형식을 생산하기 위하여 개념과 담론이 구성되어지는 층위를 언급한 것이라면, 계보학은 현재 권력의 장치들을 통해 진실과 거짓의 토대가 구분되고 분석되어지는 그리고 현재 기술되어지는 지식과 문화의 바로 그 층위를 다룬다.(O' Farrell 2007)

『광기의 역사』, 『임상 의학의 탄생』, 『말과 사물』에서 보여준 바와 같이, 고고학은 (푸코가 이야기하고 지각하는) 주체로서의 작가가 가진 최고 지위를 버린 수준에서 조직하도록 한다. 그러한 주체는 과거 현상학에서 전통적으로 발견되었던 것이다. 고고학적 영역과 시야는 서로 다른 시기에 속한 담론의 비교에 의하여 제한된다. 그리고 방식의 사유로부터 다른 방식으로 전환되는 원인들에 대하여 아무런 언급도 하지 않는다. 계보학에 있어서, 푸코는 이러한 모자란 점을 해결하고자 의도했다. 그리고 주어진 사유 시스템이 합리적으로 피할 수 없었던 시대적 풍조의 우연한 결과가 아니라, 역사적 상황들에 의한 결과였음을 증명하고자 했다. 푸코의 계보학은 기원을 향한 직선적인 연구가 아니다. 그는 계보학을 사물들에 관한 사건의 특이성을 기록하는 것에 대한 연구로서 묘사한다. 여기에서 사

물은 역사를 벗어나 우리가 느끼고자 하는 대상이다.(Foucault 1977: 139)

니체의 『도덕의 계보Genealogy of Morals』에 대한 반복으로서, 푸코는 복수성을 그리고 종종 권력관계가 진실에 미쳐온 결과들의 흔적을 보여주는 모순된 과거를 증명해보이고자 했다. 『감시와 처벌』에서 가정된 진실에 대하여 의문시하고 해석함으로써, 푸코는 진리가 우연에 의하여 발견되거나, 진리의 관심을 추구하는데 있어 권력의 작용에 의하여 뒷받침된다고 주장했다.

새로운 유형의 감금의 출현을 연구하면서, 『감시와 처벌』은 공개 처형과 같은 처벌의 오래된 시스템이 소멸됨을 고찰한다. 고문 그리고 사형을 대체하는 감금은 실재이든 상상이든 감시의 부활에 의하여 완성된다. 푸코는 어떻게 그러한 처벌의 실행에 있어서 변화가 더욱 효과적인 통제의 수단이 되었는가를 설명하고 어떻게 이러한 새로운 방식의 처벌이 전체 사회와 다양한 기관들 그리고 실천의 통제를 위한 모델이 되었는가를 설명한다. 이러한 모형의 전개는 팬옵티시즘panopticism이라고 불리는 것이 되었는데, 어떠한 구심적 통제의 몸체 혹은 기관에 의하여 혹은 공모에 의하여 이루어진 결정의 결과가 아니다. 대조적으로, 푸코는 어떻게 상이한 목적들을 위하여 발전된 기술들과 기관들이 규율에 의한 현대의 권력 시스템을 창조하기 위하여 결합되고 점진적으로 팬옵티시즘의 원리들에 영향을 주었는가를 예시했다.

푸코는 현대의 규율적 사회에 있어 통제의 세 가지 중요한 기술의 밑그림을 그렸다. 일반적으로 다양한 경우에서 실행되고 있는 계층적 관찰, 판결과 조사의 일반화이다. 사람을 통제하는 것은 간단히 관찰에 의하여 상당한 수준에까지 성취된다. 그러므로 일련의 계층적으로 체계화된 그리고 전략적으로 배치된 감시자들이 필요하다.

이들 감시자들을 통해서 관찰된 정보는 하부에서 상부로 전달된다. 강구된 관찰의 완벽한 시스템은 제레미 벤담Jeremy Bentham의 팬옵티콘Panopticon에서와 같이 하나의 파수꾼이 모든 것을 확인하는 것이 가능하도록 만드는 것이다.

푸코는 벤담의 디자인을 르보Le Vau의 베르사유 동물원에 연관시켰다.(c. 1663) 그 첫 번째 동물원은, 전통적으로 공원에 배치된 방식과 마찬가지로, 다른 동물들과 함께 있지 않았다.(Loisel 1912: 104-7) 오히려 8각형의 파빌리언으로 이루어진 중심은 1층에 세워진 하나의 실로 이루어져 있다. 그곳에서 왕은 각각의 거대한 창을 통하여 동물로 가득 찬 우리들을 관찰하였다. 이러한 종류의 후기 바로크풍의 건축과 랜드스케이프 디자인은 병원, 수용소, 교도소의 18세기 디자인에 있어서 유용한 선례를 제공했다.

신체, 공간 그리고 장치들 Bodies, space and dispositifs

푸코는 규율의 메커니즘을 해석하고 정의했다. 그는 그것을 장치dispositifs로 불렀다. 그는 이 장치를 통하여, 담론, 기관, 건축적 형식, 통제적 결정, 법률, 통치 수단, 과학적 언술, 철학적 도덕적 인류애적 명제들로 이루어진 이질적 장치를 말하고자 했다. 이 모든 것들은 사회 내에서 권력의 실행을 유지하는 것과 관계된다.(Foucault 1986: 194-228) 이러한 규율적 메커니즘은 본질적으로 공간적이며 건축적 공생관계와 다른 교리와도 관련된다고 우리는 푸코의 사례의 핵심을 간단히 개괄할 수 있을 것이다.

푸코는 다음과 같은 장치들을 관찰했다. 1) 분배의 기술. 2) 행위의 통제. 3) 구조화된 발생. 4) 힘의 구성(Foucault 1991a: 135-70) 특별히 건축과 관련성은 분배의 기술에서 확인할 수 있다. 이 장은 공간에서의 신체의 배치를 포함한다. 그리고 푸코에 따르면 다수의 기술적 방식들을 통하여 성취되어 왔다.

푸코와 베르나르 앙리 레비Bernard-Henri Levy와의 논의에서. 1981

푸코는 다음과 같은 기술들을 규정했다.

1) 울타리의 배치. 수도원, 요새, 성벽 도시와 비교되는 기숙학교, 병영막사, 생산 공간(예를 들어, 작업장과 공장)과 같은 규율적인 단일성을 갖는 다양한 공간들

2) 구획. 여기에서 울타리는 구분되어 각자 개인은 하나의 공간을 갖는다. 각 공간 역시 개별적이다. 그리고 단일 그룹 내에서 분배는 제거되어야만 한다.

3) 병원, 교도소 그리고 병원과 같은 기능들의 코드를 가진 건축물과 대지의 기능적 구조화

4) 순위. 규율은 순위의 기술이다. 규율 단위들의 변형과 이동 그리고 배치의 기술

5) 힘의 구성은 전술적 기술에 관한 것이다.

푸코는 어떻게 독방, 자리, 순위 등과 같은 다양한 규율의 시스템이 동시에 건축적이고 기능적이며 위계적인 복잡한 공간들을 창조하였

는가를 확인하였다. 그는 다음과 같이 기술했다.

> 공간들은 고정된 위치를 제공하고 순환을 인정한다. 그러한 위치와 순환은 개별적인 구획을 새기고 효과적인 순위를 확립한다. 순위들은 장소들을 기록하고 가치를 나타낸다. 이러한 과정들은 개개인들의 복종을 보장한다. 그러나 또한 시간과 몸짓의 더 나은 경제학을 보장한다.(Foucault 1991a: 148)

푸코는 혼합된 성격들을 갖는 이러한 공간들이 동시에 실재한다고 주장했다. 왜냐하면, 그러한 공간들은 건축물, 실, 가구와 같은 사물들의 배치를 통제하기 때문이다. 마치 평가와 위계를 통해 이상적인 배치를 계획하는 것과 마찬가지로, 그 공간들도 이상적이다. 그는 활인화tableaux vivants를 혼란스럽거나, 무용하거나 혹은 위험한 군중들을 훈육된 다양체들로 변화시키는 규율과 감금권력으로 첫 번째 효과로서 언급하였다. 여기에서, 한 손에는 분배와 해석과 또 다른 손에는 감시와 명료함이 가진 한 쌍의 시술이 18세기 구조화의 도표에 깊이 관여되어 있다. 그것은 지식의 발전과 권력의 기술이었다.(Foucault 1991a: 148)

시간표와 신체의 상호관계Timetable and correlation of bodies

푸코는 시간표와 같은 통제의 증거들을 해석한다. 시간표는 세 가지 방식을 확립을 포함하는 수도원적인 삶에 근거한 모형들을 특징화하는 것이다. 리듬, 업무 그리고 반복의 주기이다. 이 모두는 매우 특별하게 공간적이다. 이는 주로 군사적인 그리고 후에 에콜 폴리테크니크Ecole Polytechnique와 같은 학교에 적용되어 발전된, 그리고 행위의 해부학적 연대기순의 스키마schema로 묘사된 행위의 시간적인 동화에 의하여 성취된다.

푸코에 의하여, 행위의 시간적인 동화, 예를 들어, 특정한 시간들에 연관된 행위들은 신체와 몸짓의 상호관계를 이끌어 낸다. 몸짓은 최고의 몸짓을 함의한다. 그리고 신체를 더욱 효율적으로 만들어주기 위한 모든 신체의 위치들이다. 예를 들어, 읽고 쓰는 때 어떻게 앉아야 하는지를 학생들에게 가르치는 것. 이것은 합리성과 효율성의 동일한 선상에서 이해되는 신체-사물의 연결에 의하여 유지된다. 총체적 활용의 마지막 원칙은 나태하지 않음의 전제에 근거한다. 여기에서 나태함은 도덕적인 위반과 경제적 충실성 모두의 측면에서 이해된다. 그러므로 시간표는 꽉 차 있어야할 필요가 있다.

푸코는 1667년 파리 고벨린스 스쿨Gobelins school의 타페스트리 제작에서 교육되고 훈련받도록 선택된 학생들에 관한 사례를 해석한다. 노동에 기여하는 시간을 누적시키기 위하여 그리고 이러한 노동을 이익으로 전환시키기 위한 목적으로, 신체와 노동력의 관계를 조율하면서, 개인적 생활의 시간을 가지기 위한 새로운 기술들이 발전해왔다. 푸코는 어떻게 규율적 시간이 교육적인 실천에 의미를 부여하는가를 설명하였다. 이는 증가하는 어려움을 극복하는 훈련을 특화함으로써 가능해진다. 이것은 교육과 훈련의 목적으로서, 최종적 지점으로 향해가고 있는 순간들로 이루어진 직선적이고 평가중심적인 과정들을 보여준다.(Foucault 1991a: 157-9)

푸코에 의하여 언급된 규율의 마지막 사례 즉, 힘의 구성은 전술의 배치에 관한 것이다. 신체, 행위, 훈련된 태도로 메커니즘을 구축되는 기술이다. 이러한 메커니즘에서 그 영향력은 요소들의 계산된 결합에 의하여 증가된다. 푸코는 쓰기를, 18세기의 전술은 규율적인 실천의 최고의 형식으로 여겨진다. 그리고 그러한 방식으로, 지식은 모든 군사적 작전의 토대가 되었다.(Foucault 1991a: 167)

> 전략으로서 전쟁은 정치학의 연장이라고 할 수 있다. 그러나 정치학은, 사실이 아니든지 상관없이 그리고 직접적으로, 전쟁의 연장으로서 인식되어져 왔다는 것을 잊어서는 안 될 것이다. 그리고 적어도 도시적 무질서를 방지하기 위한 근원적인 방법으로서 군사적 모델의 연장이다.(Foucault 1991a: 168)

이러한 사실은 푸코로 하여금 다음과 같은 결론을 내리게 했다. 18세기 법학자들과 철학자들이 사회적 신체의 구축을 위한 중요한 모델을 찾고 있는 동안, 개인적이고 집합적인 신체의 강제를 위한 절차들을 만들어 놓은 것은 군인들 즉, 훈육의 전문가들이었다.

권력의 비가시성(보이지 않음)Invisibility of power

규율적 권력의 중요한 특성중 하나는 비가시성을 통해 시행된다는 것이다. 18세기 이전에는 권력은 왕의 군주적 권력의 가시성 그리고 교수대에서의 사형집행 광경을 통해 확인되고 전시되었다. (Foucault 1991a: 32-69) 처벌을 받는 개인들은 눈에 띄지 않는 곳에 남아 있을 수 있었다. 그리고 직접적으로 접근하지만 않는다면 숨겨져 있을 수도 있다. 이러한 모형은 오늘날 역전되었다. 새로운 규율적 권력은 오늘날 처벌을 받는 자들에 대하여 의무적인 가시성을 강요한다. 반면에, 권력을 가진 자들은 여전히 보이지 않은 곳에 머문다.

그 이상의 통제가 문서와 확률의 영역에서 개인들을 위치시키는 진찰의 실행과정에 의하여 부과된다.(Foucault 1991a: 189) 자발적이든 아니든지 상관없이, 개인들은 권력시스템이 병원의 출결 기록, 실험 혹은 환자 기록부등에 의하여 자신을 통제하는 것을 허락한다. 이러한 확률의 토대에서, 통제 안에 있는 실천들은 반대로 지식에 있어서 기초가 되는 규범을 확립할 수 있다.

권력의 또 다른 특질은 사람들이 아직 해결하지 못한 것을 먼저 성취하는 것이다. 예를 들어, 누군가가 요구받은 것을 하지 않을 수 있는 것이다. 이러한 관심은 현대 규율 시스템의 가장 중요한 기능을 예증한다. 비규범적인 행위를 교정하는 것. 그러한 목적은 처벌을 위한 것이 아니라 교정을 위한 것이다. 교정은 사회의 기준과 규범에 의하여 살게 된다는 것이다. 정확한 규범을 부여함으로써 규율

한다는 것. 즉, 규격화normalisation는 법적 처벌의 오래된 시스템과는 다르다. 오래된 처벌 시스템은 법에 의하여 모든 행위가 용인되는지 아닌지를 판단한다. 규격화의 관념은 현대 사회에서 교육적 프로그램, 의학적 시술 그리고 산업 프로세스를 세우는데 사용된 표준으로서 설득력을 갖게 된다.

권력의 불가시성, 실험과 규격화를 포함하여 푸코 해석의 이러한 모든 예증들에 있어서 권력과 지식의 관계는 '지식은 힘이다' 라고 이해되는 전통적인 모델보다 훨씬 더 가깝다. 푸코의 관점은 권력의 목적 그리고 지식의 목적이 인간 존재의 연구에서 분리될 수 없다는 것이다. 우리가 통제하는 것을 앎에 있어서 그리고 우리가 아는 것을 통제함에 있어서도 마찬가지다.

팬옵티시즘, 다이어그램 그리고 감시 Panopticism, diagram and the gaze

벤담Jeremy Bentham의 팬옵티콘Panopticon(1791)은 푸코에게 현대 규율적 권력을 보여주는 이상적인 건축 모형이었다. 그것은 교도소 디자인으로서 고안되었다. 그리고 수감자들은 각각의 방으로 분리되고 모든 다른 사람들에게는 보이지 않게 감금되도록 디자인되었다. 동시에 각각의 죄수들은 중앙의 타워에 위치한 교도소 관리자에게 항상 보일 수 있었다. 감시인은 각각의 수감자를 항상 지켜볼 수는 없을 것이다. 그가 원하기만 한다면 그는 언제나 관찰할 수 있다는 것이 중요하다. 죄수들은 관찰되고 있는지 아닌지를 전혀 알 수가 없기 때문에 항상 관찰되고 있는 것처럼 행동할 필요가 있을 것이다. 결과적으로 통제는 내부 감시에 의하여 성취된다. 예를 들어, 감시는 내면화되고 규율은 교도소 감시자들의 상상적 응시에 의하여 수행된다. 이것이 팬옵티시즘의 원리이다. 이러한 개념은 교도소를 넘어서 통제와 규율적 권력의 어떠한 시스템에도 확장된다. 공장, 병원, 학교 등. 벤담은 팬옵티콘을 건설하지는 못하였으나, 팬옵티시즘의 원칙들은 동시대 사회의 거의 모든 측면에 침투하게 되었다.

그리고 장치가 되었다. 그러한 장치를 통하여 현대 규율들은 왕과 판사들의 근대 이전의 독재적 권력을 교체하였다. 푸코는 팬옵티콘을 현대 권력의 도해로 이해했다. 그는 팬옵티콘은 건축물로 이해되어서는 안 된다고 보았다. 그것은 권력의 메커니즘 즉, 장치이며 필연적인 형식들을 생산했다. 그것은 정치적 기술의 다이어그램이었다.

푸코는 그가 의학적 시술의 변혁이 진행되던 시기의 임상 의학의 기원과 18세기 후반의 병원 건축을 연구한 때 팬옵티콘의 개념을 가로지르게 되었다고 설명한다. 그는 '어떻게 의학적 관찰이 구축되었는가' 를 알고자 했다. 어떻게 응시는 사회적 공간으로 각인되었는가? 어떻게 병원의 새로운 형식들이 즉각적으로 효과를 보이고 새로운 유형의 응시를 지원하게 되었는가? 다양한 병원 건축 프로젝트에 대한 푸코의 조사는 신체, 개인, 사물의 가시성의 총체적인 문제가 중앙집중적인 관찰의 시스템 아래에서 가장 중요한 원칙이 되었다는 것을 주목한다.(Foucault 1986: 146) 푸코는 파리의 육군사관학교Ecole Militaire의 사례를 든다. 이 학교는 미래의 장교들을 유리벽으로 된 개실들이 구심적 평면으로 펼쳐진 하나의 건축물에 거주하게 만든다. 결과적으로 병사들은 즉각적으로 선임자의 응시 아래에 놓이게 된다. 벤담의 동료들은 분명하게 이러한 구조를 목격했다. 그리고 그 구조를 교정 의도를 가진 일원들에게 전달했다. 그들은 그것에 팬옵티콘이라는 이름을 붙였다. 그러므로 모든 것을 감시한다는 의미의 개념이 완성되었다.(Foucault 1991a: 316)

푸코는 응시를 정교하게 관찰했다. 그리고 팬옵티시즘의 다이어그램을 권력 관계와 규율적 메커니즘의 특별한 역학관계로 도해하였다. 어떤 면에서는, 교도소 혹은 병원 감시인의 상상적 응시에 관한 푸코의 사고는 정신분석학적 응시에 관한 라캉의 개념에서 토대를 제공했다. 라캉의 개념은 누군가 관찰의 상태에 있을 것이라는 감정에 의하여 유발되는 불안과 걱정의 상태를 언급한다. 이러한 감정의 영향은 자유의 상실과 주체의 해부와 연관되어 있는 내면화된 응시이다. 이러한 감정은 반대로 두려움을 유발시킨다.(Lacan 1987: 67-78) 그러므로 감시에 근거하여, 사회적 통제의 현대적 관계들은 스펙타클의 정확한 역전이다.

군주적 시스템에서 스펙타클spectacle에 관하여, 푸코는 공개 처형의 금지는 공개적 스펙타클의 감소를 의미한다고 주장한다. 그는 이러한 변화에 덧붙여, 사형의 현대적 의식들은 다른 변형들을 생산한다. 즉 고통의 제거였다. 이것은 형벌의 과정에서 처벌이 점진적으로 가장 비밀스러운 부분이 되었다는 사실에 의거한다. 마치 그러한 경향이 이성에 의하여 통치되는 사회로부터 처벌의 폭력적 야만적 본성을 숨기고자 하는 것과 같다.

처벌은 그러므로 가장 추상적이 되었다. 그리고 처벌의 유효성은 필연성으로부터 나온다. 파멸적 경험의 강도로부터 나오는 것이 아니다.(Foucault 1991a: 19) 스펙타클의 권력은 감소되고 규율과 장치들로 황제와 왕을 교체함으로써 함께 사라졌다. 수감, 강제된 노동 그리고 징역은 여전히 육체적 형벌들이다고 할 수 있을지 모르나, 처벌과 신체 사이에 관계는 이제 구조적으로 다르다. 푸코는 수감자들이 더 이상 원형경기장이나 무대에 서지 않는다고 언급한다. 그러나 권력의 효과에 의하여 창조된 한눈에 보이는 장치들안에 수감된다.

팬옵티시즘에 관한 그의 사유를 포함하여, 푸코는 규율 사회의 형식이 그 일부를 구성하는 다수의 폭넓은 역사적 (경제학적인 정치적인 그리고 과학적인)과정과 연결되어 있다고 보았다. 그는 일반적으로 규율이 인간의 복잡성의 체계를 확신하게 하는 기술들이라고 강조한다. 인간의 복잡성은 권력의 어떠한 시스템과도 항상 연관되어 왔던 그 무엇이다. 푸코에 의하면, 18세기를 더 특별하게 하는 것은 이러한 규율적 메커니즘들이 시스템의 유용성과 용이성 모두에 있어 증가한다는 것이다. 이러한 결과는 부분적으로는 인구 통계학적 증가의 상황과 생산의 증가에 의하여 유도되었다.

용이성에 관하여, 이러한 권력의 팬옵티시즘적 양상들은 기본적으로 신체적인 수준에서 사회의 정형적 정치적 구조에 의존하지 않는다. 교도소는 그 본래의 목적에 따라 모든 교정적인 기술이 하나의 지점에 재배치된다. 그곳에서 처벌이 합법적 권력은 감시하기로서의 규율적 권력으로 변형된다. 그러한 의미에서, 통제는 '처벌하기로서의 권력을 일반화하는 법률의 보편적 의식' 에 의한 것이 아니라 오히려 '정규적인 확장 즉, 팬옵티시즘적 기술의 무한히 미세한 그물' 에 의한 것이다.(Foucault 1991a: 224)

유용성의 측면에서, 팬옵티시즘적 규율 권력은 또한 전문적 기술로 보여질 수 있다. 그 곳에서 신체는 최소 비용으로 최대 효과를 생산하기 위한 정치적 힘으로 축소된다. 이러한 조건들은 자본주의 경제에 의하여 편입되었다. 그리고 신체를 굴복시키는 기술들이 지배적인 되어가는 시스템을 탄생시켰다. 푸코는 이러한 사례를 정치적 해부학으로 불렀다. 정치적 해부학은 그러한 방식으로 다양한 정부조직들, 장치들과 기관들안에서 적용되었다.(Foucault 1991a: 221) 비록 이러한 기술들은 그 이면에 나름의 역사를 가지고 있으나, 18세기에 새롭게 출현한 사실은, 지식의 형식화와 권력의 증가가 순환적 프로세스를 통하여 정기적으로 서로를 강화하는 수준에 도달하였고 그 수준에서 기술들은 결합하고 일반화되었다는 것이다. 푸코는 이러한 점을 규율이 과학기술적인 출발점을 교차하는 단계로 보았다. 그리고 다양한 분야를 가로질러 펼쳐져가는 단계로 보았다. 그의 사례들은 먼저 병원을 포함시키고 다음에는 학교, 나중에 작업장을 포함시켰다. 그는 이러한 기관들이 장치 자체가 된다고 보았다. 그러한 과정에서 권력의 성장은 지식의 성장을 유도할 수 있었다. 시스템 안에서 이러한 연관들이 임상 의학, 정신 의학, 소아 심리학, 교육 시스템 그리고 노동의 합리화를 만들어냈다. 푸코는 강조하기를

> 그것은 다음과 같은 이중적 프로세스를 갖는다. 즉, 권력 관계들의 조정을 통하여 인식론적인 해동 그리고 지식의 새로운 형식의 누적과 구조를 통한 권력의 효과들을 증식시키는 것.(Foucault 1991a: 224)

이러한 프로세스에서 건축의 연루는 매우 뛰어났다. 팬옵티시즘에 관한 푸코의 담론이 나타난 이후, 건축을 중립적으로, 간단히 미학적으로, 혹은 단순히 기능적으로 보는 것은 불가능해졌다. 모든 푸코의 작업으로부터, 『감시와 처벌』에서 독창적으로 다듬어진 이러한 폭로는 건축가들의 관심을 가장 크게 끌어당겼다.

규율의 건축과 공간Architecture and spaces of discipline

마치 건축가가 디자인할 때라면 언제나 공간적 관계들, 구조, 응시, 가시성, 시선 그리고 조망을 고려하는 것처럼, 규율에 관한 푸코의 이해는 어떻게 다양한 수준의 건축과 관련되는가를 해석하는 것은 중요하다. 그러한 의미에서, 마치 건축가와 학자들이 병원, 수용소, 교도소에 관한 푸코의 텍스트가 가져온 공헌들을 연구하고 확인하는 것처럼, 비판적 해석의 실천은 이론적으로 푸코의 관념에 의하여 강화된다.

비들러의 책, 『벽체의 기술 : 후기 계몽주의시기의 건축적 이론 The Writing of the Walls: Architectural Theory in the Late Enlightenment』(1989)은 18세기 건축을 재고하고자 하는 목적을 가진 그리고 많은 건축의 규율적 전제를 질문하려는 건축가를 위한 담론의 새로운 공간을 열었다. 이러한 시기의 역사는 종종 신고전주의neo-classicism 혹은 이성의 시대의 건축architecture in the Age of Reason으로 부르는데, 지식의 구조, 기관의 출현 그리고 권력의 분배에 관한 관심을 고려하여 이 책에서 재언급되고 있다. 비들러는 푸코를 직접적이고 함축적으로 참

조한다. 푸코는 이 책에 분명한 이론적인 특질을 제공했다. '처벌의 디자인, 혁명 이전의 교도소의 개념Design of Punishment, Concepts of the Prison before the Revolution' 으로 제목을 붙인 장은 『감시와 처벌』로부터 그 이론적 전제를 가져온다. 그리고 그 곳에서 기록들의 조사와 개념과 배경의 해석을 출발한다.

다른 곳에서, 비들러는 푸코의 해석에 비판적이다. 어휘 '공간적spatial' 그리고 '기념비적monumental' 이 가진 일반적으로 가정된 의미만 직시하였다고 비판하였다. 비들러는 잘못된 인식에 대한 가능성을 인정하고 푸코와의 차이를 분명이 하였다.(Vidler 1992: 172) 그는 '공간적spatial' 인 것은 '기념비적monumental' 인 것에 대립하는 차원이라고 신중함을 요구하였으며 차이가 관찰되어야 한다고 보았다. 어휘 '공간적spatial' 은 정신적 시야에 있어 더 크다. 그리고 특별한 기념물들을 도시적 맥락에서 힘에 의한 일반적 지도로 맥락화할 수도 있다. 비들러는 이러한 사실이 상황주의자들에 의하여 그리고 르페브르Henri Lefebvre에 의하여 확인되었다는 것을 지적했다.

비들러는 아른헴Arnhem의 팬옵티시즘적인 교도소의 리노베이션을 위한 오엠에이OMA의 계획(1979-80)을 비판적으로 검토하였다. 여기에서 비판적인 개입이 이미지적 수준에서 일어났다. 계획은 규율적 장치의 중심을 헤치고 나가는 것으로 '타워를 뚫고 지나가기' 를 제안한다. 비들러는 이것이 푸코에 관하여 건축가들의 독해를 반영하여 교도소의 오래된 팬옵티시즘적 기능을 자유롭게 제거하는 것 이상으로 보여 질 것이라고 주장했다.(1992:194-5) 비들러는 다음과 같이 주장했다. 권력과 규율에 관한 푸코의 담론이 오엠에이Office for Metropolitan Architecture(OMA)와 다른 비슷한 세대의 작업들의 전략에 영향을 미쳤음에도 불구하고, 푸코의 개념들이 세속화를 피한 것은 중요하다.(1992: 195)

그는 푸코가 상이한 현상들을 비교함에 있어 항상 단순화된 분류에 저항했다고 지적한다. 그는 각자 그리고 모든 수정의 행위들에 있어서, 최소한의 저항이 갖는 균열을 통하여 확산되는 권력을 향한 의지, 그 의지에 스며있는 경향들을 가능케 하는 잠재성의 확인, 그리고 그러한 일반화된 인식에 찬성했다. 예를 들어, 비들러는 오엠에이 OMA의 아른헴 교도소의 경우에서 내적으로 효과적인 변화의 생산이 없이, 원형 대신 십자형을 사용한 것으로, 새로운 계획은 권력의 한 형식을 다른 것으로 단순 대체한 것으로 보여 질 수 있다.

런던의 오엠에이OMA의 이후 설계경기 계획안, 런던의 사우스 뱅크 South Bank에 테이트 모던Tate Modern의 재구축(1994)은 오래된 철도 역사의 랜드마크인 타워의 제거를 제안하는 유사한 태도를 보였다. 타워가 통제와 감시의 권력을 상징하며 서있는 곳에서 가치 시스템에 대립하는 행위를 목적으로, 오엠에이OMA의 제안은 무감각하고 지나치게 상상력이 부족한 것으로 인식된다. 이러한 사정은 헤르조그 앤드 뫼롱Herzog and De Meuron이 설계경기에 당선되도록 만들었다.

이 장의 결론을 내리기 위하여, 지난 20여 년간 출현해 왔던 건축 역사와 이론에서 작업들의 전형을 보여주는 것으로서, 나는 허스트 Paul Hirst의 작업을 언급할 필요가 있겠다. 『공간과 권력 : 정치학, 전쟁, 그리고 건축Space and Power: Politics, War and Architecture』(2005)에서, 허스트는 그의 책이 권력에 의하여 형성된 공간과 연관되었음을 언급한다. 그 안에서 공간 자체는 권력의 근원이 된다. 그는 공간이 권력의 원천이라고 주장한다. 그러므로 일반적으로 공간이 아니라 공간-권력의 상호관계가 갖는 체계를 연구하는 것으로 이해된다.(Hirst 2005: 3)

공간은 권력이 실천되는 조건들에 영향을 미치는 특질들을 갖기 때문에, 그리고 사회적 통제와 투쟁이 발생하는 장소로서, 허스트는 공간이 권력에 공헌하는데 있어 좌표들의 집합 이상임을 규정한다. 허스트의 푸코를 연상시키는 비판은 세 가지 공간적 스케일에서 나타났다. 권력의 도구로서 국가적 수준에서, 도시적 수준에서 그리고 건축물의 수준에서. 그의 연구 과정에서, 허스트는 세 가지 논제를 규정했다. 배타적이고 영역적인 통치의 형식에 대한 지속성, 서로 다른 정치적 시스템 안에서 다양한 종류의 개척자들의 역할, 커뮤니케이션과 사회적 행위에 대한 공간적이고 구체적인 강제의 지속성.

허스트는 푸코의 최고 작업이 특별한 환경의 영향으로부터 생산되었다고 지적한다. 허스트에 따르면, 건축물 유형들의 구체적인 공간을 해석하는데 있어, 푸코는 권력-지식 개념의 역동성을 설명하는 모델을 제시했다. 그 결과, 우리가 교도소, 병원, 교회, 학교, 공장 그리고 울타리와 같은 공간들의 효과에 대한 구조적 논리를 일반적으로 사고하고 이해할 수 있게 되었다. 허스트는 그의 해석을 요새와 군사 구조물에까지 확대하였다. 아날학파Annales School에 대한 그의 관심과 마르크스와 니체의 계보에 따라 건축의 전통적 역사편찬의 재실험에 대한 관심 때문이었다.(Hirst 2005: 4)

중요하게도, 허스트는 푸코의 담론을 건축 교육으로 가져온 것에 대하여 공적을 인정받을 필요가 있다. 그는 푸코의 철학과 1980년대 초기부터 계속해서 20여년 이상 사료편집에 관하여 AA 스쿨 Architectural Association School for Architecture에서 강의했다. 푸코에 관한 그의 열정적인 강의는 커슨스Mark Cousins의 강의와 더불어 AA의 역사와 이론 프로그램에서 그리고 후에 세계를 돌며 강의하고 작업하면서 많은 대학원생들의 연구를 이끌어냈다. 그는 1960년대와 70년대, 프랑스와 영국에 남겨져 있는 유산의 맥락들과 시름하고 있었다. 런던Geoffrey London, 테일러William Taylor, 테라니Nader Tehrani, 파랑Veronique Parent 그리고 와이즈만Ines Weizman은 이름을 거론할 수 있는 많은 작가들 중 일부일 뿐이다.

Chapter 4

신체 Bodies

4.1 섹슈얼리티의 역사 The History of Sexuality

푸코의 가장 중요한 목적은 19세기에 나타난 바와 같은 섹슈얼리티의 개념을 문제화하는 것이다. 푸코에 있어서, 섹슈얼리티는 시대의 다른 현상들과 동시에 비판적으로 재고되어야할 필요가 있었다. 개인들이 그들의 행위를 평가하는 방식과 정신적 구조의 변화를 유도하는 지식의 영역과 규범의 확립 사이에 새로이 나타난 분명한 차이로서 재고되어야 했다.

더 정확하게, 푸코는 서구 사회에서 개인이 자기 자신을 섹슈얼리티를 가진 주체로서 인식하도록 하는 체험, 그 특별한 체험을 확립할 수 있는 방식을 결정하고자 의도하였다. 인문 과학들, 정신병리학, 의학 그리고 처벌에 관한 책을 완성해 가면서 푸코는 비판적 연구를 위하여 요구되는 도구들을 얻었다. 그러한 연구에서 체험은 삶의 많은 영역과 연관되어 해석된다.(Foucault 1987a: 4)

푸코의 접근은 정신분석학을 포함하여 섹슈얼리티에 관한 다양한 비평이 권력의 실천과 연관되어 있다는 그의 해석에 근거를 둔다. 그는 어떻게 섹슈얼리티의 현대적 통제가 동시에 지식과 지배를 제공하는가를 예시함으로써 모든 프로젝트의 윤곽을 개요했다. 그러나 그는 이러한 통제가 오직 개인에 관한 타인의 지식을 통하여만 실천되지는 않는다고 보았다. 이러한 종류의 지식을 통해, 개인들은 또한 타인들에 대한 통제를 실천한다. 마치 그들이 섹슈얼리티의 이론에 의하여 정립된 규범을 내면화하고 그리고 스스로 규범에 일치시키고자 규범을 지키는 것처럼 서로를 통제한다.

그의 이전 작업을 유지하면서, 푸코는 17세기 초기의 삶은 섹슈얼리티에 관하여 이성적으로 유연하였음을 관찰했다. 그리고 섹슈얼리티가 감시의 대상으로 들어선 것은 오직 18세기와 19세기 동안 이루어졌음을 관찰했다. 결론적으로, 섹슈얼리티는 점진적으로 혼인한 부부에게만 허락되는 문제가 되었다. 그리고 가족의 집으로 한정되었다. 그것에서 부모의 침실은 그 공식적 공간으로 인정되었다. 인정된 행위는 다른 신체들과 접촉을 금지하는 것을 의미했다. 순결은 단정함과 유사한 관례들에 유착된 언어를 통해 반영되었다. 매춘부의 집과 정신병자 수용소는 묵인되었다. 그러나 그러한 곳들은 항상 또 다른 빅토리아시기에 속해 있는 다른 곳이었다. 섹스는 은밀하게 보이지 않는 장소에서 이루어질 수 있는 제한된 권리를 얻었다. 그리고 담론의 유형들을 코드화했다.(Foucault 1987a: 4-5)

정신분석학과 같은 20세기 담론의 공헌은 섹슈얼리티의 역사와 관계를 맺어왔음에도 불구하고, 푸코의 시각에서는 제한되었다. 그는 일상생활에서 법률의 변화와 변형, 금지의 부상, 담화의 해방, 쾌락의 재도입 그리고 권력의 메커니즘에 있어서 완전히 새로운 경제학을 포함하여, 획득하고 책임져야 할 더 많은 것이 남겨져 있다고 믿었다.(Foucault 1987a:5) 필수불가결한 것들의 이러한 종류들은 정치적 의지와 분명한 프로그램을 요구한다. 그것은 여전히 우리를 곤란하게 한다. 푸코는 그렇게 결론을 맺는다.

억압의 역설Paradox of repression

섹슈얼리티에 관한 푸코의 비판은 흔히 생각되어지는 바와 같이 억압으로부터 섹슈얼리티를 구출하고자 하는 것이 아니었다. 대신, 그의 억압가설repressive hypothesis로 알려지기 시작한 것에서, 그는 섹슈얼리티에 관한 담론의 본질을 기묘한 것으로 표현한다. 푸코는 성적인 담론은 권력 관계에 의하여 덧씌워진 담론들의 혼합물로 나타났다고 예시한다. 그러한 과정은 억압으로는 결코 분명하게 이해될 수 없는 것이다.

그의 해석은 성적 자유, 사회적 자유 그리고 정치적 혁명 사이에 존재하는 필연적인 연관에 관한 근원적인 가정을 의문시함으로써 억압의 주제들로부터 섹슈얼리티의 담론을 떼어 놓았다. 마치 그는 너무 많은 열망이 한데 뒤섞이고 합해져 버렸다고 느끼는 것 같았다. 이러한 사실과 관련하여, 푸코는 섹슈얼리티의 담론과 진리의 누설이 연관되어 있다는 믿음의 배경을 보이고자 했다. 동시에, 그는 법률의 전복과 새롭고 행복한 삶의 선언 사이에 연관관계가 있다는 추측들에 대하여 더 많은 것을 발견하고자 노력했다. 푸코는 억압, 위선적 행위의 비난 그리고 즉흥적인 것의 권리를 승인하는 것 사이에 연관이 있음을 주장했다. 그것은 사람들이 성적 해방에 관한 비현실적인 희망을 상상하는 것을 가능하도록 한다고 지적했다.(Foucault 1987a: 8)

푸코는, 섹슈얼리티가 정확히 가장 두드러져 보이기 시작하고 긍정적 확신을 얻기 시작하는 때에, 섹슈얼리티는 억압의 주체가 되어왔다는 주장의 이상함을 강조한다. 그는 이러한 주장의 불확실함을 발견하고 섹슈얼리티의 억압에 관한 언술들 그리고 그에 관한 설교들이 사실상 역설적으로 그리고 결정적으로 서로를 강화한다고 결론 맺는다.

그러한 의미에서 푸코는 주장한다. 사회는 지난 한 세기 이상, 부정과 침묵에 대하여 부조리하게 스스로를 비난해 왔다. 사실은 이야기하지 않는 사물들에 관한 디테일들을 묘사하는 과정이었다. 그렇게 함으로써, 사회는 이상하게도 공공연히 권력을 비난해왔다. 사회를 기능하도록 하는 바로 그 법률로부터, 스스로를 명백히 자유롭게 만들고자 실천하였던 권력을 매도했다.(Foucault 1987a: 8)

결론적으로 푸코의 의문은 '왜 우리는 억압받는가?' 가 아니다. 오히려 우리의 과거와 우리의 현재의 실재와 대립하여 '왜 우리는 그렇게나 큰 열정을 가지고 억압받았다고 이야기하는가?' 이다. 푸코는 어떻게 우리가 이것이 실정임을 사유하게 되었는가를 질문한다. 금지, 검열, 거부와 같은 권력의 메커니즘은 진정으로 섹슈얼리티의 억압에 속해있는가? 억압을 언급하는 비판적 담론은 억압에 대립하여 작동하는가 혹은 사실 그 부분일 뿐인가?

이러한 질문에 답함으로써, 푸코는 19세기 성의 과학scientia sexualis이 비록 성의 상상적 일탈, 도착 그리고 이상성욕 등을 언급하였지만, 솔직하게 그 자신의 주체를 열고 다루는 것 즉, 성sex을 다루기를 거부하였다고 지적한다. 그러한 측면에서, 성의 과학은 부르주아 계급의 윤리적 시각에서 단순히 성적이상에 관하여 이야기하거나 혹은 공공 보건에 관한 관심을 근거로 출현한 의학적 규범들에 관하여 언급한다. 이러한 두 담론들은 서로에 관하여 이야기 하지 않는다. 그리고 성에 관한 진실에 도달하지 않는다. 만약 그러한 것이 있다면, 그것은 마치 이러한 성적 과학이 성에 관하여 어떠한 진실된 이성적 지식이 출현하는 것을 금지하고자 시도하는 것이다.

푸코는 19세기 의학적 시술의 상황에 관하여, 분명하게 진리를 추구하기 보다는 오히려 정치적 권력에 더욱 공헌하는 것으로 묘사하였다. 위생학에 관한 사회적 담론의 출현은 성적 질병의 확산에 대한 일반적인 두려움에 의하여 촉진되었다. 그리고 청결, 윤리성, 사회적 위생에 대한 관심 안에서 섹슈얼리티에 관한 담론의 토대가 되었다. 성의 정치학은 그러므로 19세기에 추구되었으며 규율과 규정적인 방법들로 결합된 네 가지의 공격적 방안들에 의존한다.
1) 규정의 요구 2) 인류의 건강을 위한 캠페인의 형식을 통해 성취된 아동의 성별화sexualization 3) 성에 의하여 완전히 젖어든 그러므로 어린이의 건강을 이유로 치료될 필요가 있는 여성의 신체에 집중된 권

력의 메커니즘으로 푸코가 정의한 여성의 자궁화hysterization 4) 성적 도착의 정신분석화(Foucault 1987a:146-7)

푸코는 진실의 이름으로 행위하도록 주장함으로써, 이러한 담론과 실천이 자주 불완전하고 타락한 개인들이 다양한 형식의 추방과 민족 차별주의로 축출되었다고 주장한다.(1987a: 54) 이러한 방식으로 이해된 섹슈얼리티의 과학적 상태는 매우 문제가 있는 것으로 이해된다. 그것은 재생산의 생물학적 지식과 성적 병리학의 의료적 지식의 쉽지 않은 혼합이다.

그의 가정에 대한 지지로서, 푸코는 샤르코Jean-Martin Charcot가 파리의 살페트리에르 병원Salpêtrière hospital에서 했던 시술에서 조건들을 조명한다. 그의 시술은 관찰, 진단, 질문, 실험을 가능하게 하는 거대한 장치가 되었다. 그는 동시에 병원이 선동을 위한 기구였다는 것을 보여준다. 공개적 발표에 의하여, 조심스럽게 무대에 올려진 의식적 위기의 극장, 무대에서 담화의 상호작용, 환자와 의료진 사이에 서로 손을 맞잡은 무대극에 의하여 선동되었다. 담론과 진실을 자극하는 위협적인 분위기와 강렬한 상황에서, 섹슈얼리티를 이해하는 메커니즘이 작동하였으며 성을 과학적 진실 그리고 허위로 만들었다고 푸코는 주장했다.(Foucault 1987a: 55)

고해, 진실 그리고 성Confession, truth and sex

성에 관한 진실을 생산하는 두 가지 필연적인 과정이 존재해 왔다. 1) 중국, 일본, 인도, 고대 로마와 아랍 혹은 무슬림 사회에서 실천되어진 에로틱한 예술ars erotica은 쾌락의 개인적 경험에 토대를 갖는다. 그것은 절대적 법칙에 근거하지 않는다. 2) 성의 과학scientia sexualis은 법칙에 근거한다. 후자는 기독교가 지배한 서구 사회에서 통용되었다. 푸코는 19세기의 특징으로서 서구 섹슈얼리티의 과학은 수세기 전에 발전되었던 진실을 이야기하기 위한 과정에서 세워졌다고 주장한다. 이러한 과정은 그들 자신의 권력/지식의 경제학을 획득했다. 그리고 중세 시대에 확립된 정신적인 수련 즉, 고해에 근거한다.

섹슈얼리티의 계보학을 연구하는 동안, 푸코는 기독교 내부에서 고해의 의례, 18세기와 19세기의 인구통계학적 담론 그리고 섹슈얼리티의 의학적 해석을 연구했다. 서구 문화의 종합적 인식론에 있어서, 고해의 중심을 파헤치는 것은 지식에 대한 푸코의 최고 공헌 중 하나이다. 그는 고해가 수세기동안 서구 사회의 중심부에 자리 잡고 있으며 우리 존재의 여러 측면에 스며들어 영향을 미쳤다고 주장했다. 재판, 의학, 교육, 가족관계, 사랑 관계 그리고 일상의 생활 전반에 영향을 미쳐왔다. 고해의 출현은 진실을 추구하는데 있어서 사유하고 이론화하는 근본적인 방식에서 변화를 가져왔다. 진실의 추구는 더 이상 고대 그리스어 '보다' (theorein, θεωρεῖν)로서 시각에 근거하지 않는다. 진실의 추구는 고해에 근거하게 되었다. 궁극적으로 신에 의하여 주어진 누군가의 삶의 경험 안에서, 그의 믿음을 인정하는 것. 이러한 필연적인 흐름은 기독교 시대 이전으로부터 시작된 다수의 근본적인 변화들을 설명할 수 있다. 그것은 푸코의 고대 탐색을 향한 방향전환의 중요한 부분이 되었다

푸코는 주장했다. 고해는 항상 자기반성이다. 짧은 삶을 사는 그리고 덧없는 인상들을 생산하는 자기반성을 통하여, 사람들은 삶에 관한 자신의 자각이 근본적인 확실성을 갖기를 기원한다. 우리 삶을 깊이 파헤침으로써, 고해하기의 필요성은 우리 문화에 깊이 새겨져 있다. 그리고 더 이상 고해는 우리를 압박하는 권력의 행위로 인식되지 않는다. 진리와 같이 우리 내부에 깊이 자리 잡고 있는 것으로 인식되어지는 고해는 우리에게 자연스러운 것이 되었다. 결과적으로 이러한 진실은 하나의 사실을 요구한다. 수면위에 떠오르는 것이다. 기독교인들에게, 고해는 자유로워지는 기술이다. 이것은 개인이

침묵하도록 격하시키는 권력과 반대에 있다.

기독교 사회 내에서 성은 고해의 특권적 주제가 되어 왔다. 그러한 인식은 푸코로 하여금 성이 필연적으로 숨겨져 왔음을 사유하도록 이끌지는 않았다. 오히려 푸코가 생각하기를, 성은 중요한 것이며 잊혀지지 않았다는 것을 의미했다. 푸코는 다음과 같이 환기했다. 고대 그리스에서, 진리와 성은 교육과 연관되어 있었다. 그 안에서 하나의 신체로부터 다른 신체로 불확실한 지식을 전달함으로써, 성은 배움의 시작을 위한 매개로 역할했다.(1987a:61) 이것은 기독교 사회에서 늦게 발생한 사실들과는 차이를 갖는다. 그러한 배경에서 고해의 의무적 실천을 통하여 진리와 성은 함께 결합되어갔다. 그러나 이 시기에, 고대와 대조적으로, 진리는 성의 표현을 위한 매개물로서 작용했다.

푸코에 의하면, 고해의 의례적 담론은 권력 관계의 배경 안에서 지식을 만들기 개시했다. 그 이유는 누군가가 항상 권위를 가진, 그리고 판단하고, 처벌하고, 용서하고, 위로하고 혹은 화해하는데 있어서 개입하는 다른 누군가에게 고해하기 때문이었다. 고해의 의식을 통하여, 개인은 변화하였다. 마치 고해하기가 고해를 말하는 개인의 내부에 본질적인 변화를 생산하는 것처럼.

> 고해는 그의 무죄를 증명하고 구제하고 순수하게 만들었다. 그로부터 잘못됨을 벗겨주고 그를 자유롭게 해방시켰다. 그리고 그의 구원을 약속하였다.(Foucault 1987a: 62)

고해는 고해 자체를 새로운 영역과 탐색으로 유도했다. 그것은 단순히 성적 행위에서 일어난 것을 열거하는 것과는 다른 것이었다. 오히려 동반되는 사유와 환상, 이미지의 재구성, 욕망 그리고 쾌락의 측면들을 포함하여 해석, 재구축 그리고 묘사에 관한 탐색이었다.

19세기 섹슈얼리티의 과학에서, 고해를 전개하는 것은 푸코로 하여금 다음과 같은 결론을 내리도록 유도했다. 사회는 가장 처음 그리고 공공 보건에 대한 진보적 고려를 가장하여, 개인의 사적인 쾌락에 관하여 요청하고 듣는 것을 사회 마음대로 결정하였다.(Foucault 1987a: 63) 그렇게 함으로써, 지식에 대한 자체의 자극과 그 자체의 고유한 쾌락들을 증가시키고 강렬하게 만든다. 그러므로 에로틱한 예술로서 기능하게 되는 것이다. 이러한 방식으로 새로운 종류의 쾌락이 형성되었다. 쾌락의 진실로서 쾌락, 그 진실을 앎으로서의 쾌락, 쾌락의 해석 그 자체로서의 쾌락.(1987a: 71) 그 복합체는 지식, 진실, 권력 그리고 쾌락 사이에서 상호작용한다. 그리고 여기에서 더 복잡한 결과를 낳는다.

혈연과 상징 vs 섹슈얼리티와 규범

Blood and the symbolic vs sexuality and the norm

푸코는 중요성과 가치를 혈연관계에 두는 과거 사회와 현재 사회를 비교했다. 그는 어떻게 혈연관계가 오랜 동안 권력의 의식과 표현에서 중요한 요소로 남았는가를 해석했다. 굶주림, 전염병, 폭력의 지속적인 위협이 존재하는 많은 사회에서, 왜 혈연이 근본적인 가치 중 하나를 구성하는가에 대한 이유를 확인할 수 있을 것이다. 푸코에 의하면, 고전적 시기 동안, 이러한 상황은 변화했다. 그는 어떻게 새로운 권력의 발전과정이 우리 사회로 하여금 주도적인 구조적 패러다임을 혈연의 상징으로부터 섹슈얼리티의 해석으로 변화시켰는가를 설명한다. 새로운 권력은 18세기 후반에서 19세기 사이에 고안되고 점진적으로 채택되었다.(1987a: 148) 그는 주장하기를, 혈연이 법률, 죽음, 범죄, 상징과 통치권과 연관된 의미들을 함축하고 있는데 반하여, 섹슈얼리티는 규범, 지식, 삶, 의미, 규율 그리고 규정의 편에 가깝다.

건축 역사에서, 우리는 관계와 위계에서 동일한 두 흐름을 발견할 수 있다. 혈연관계에 의하여 지시되는 삶의 측면들과 연관된 특정한 건축이 존재해 왔다. 이러한 건축은 분명하게 죽음, 상징, 범죄, 법률 그리고 통치권과 같은 삶의 특징과 현상을 언급한다. 이러한 건축은 고대의 건축물과 관련이 깊다. 그리고 중세 시대에서 17세기에 이르는 건축물들이 그러하다. 우리는 알베르티의 『건축론De re aedificatoria』(1452)에서 고전적 사례를 발견할 수 있다. 그러나 신화적인 기원, 형제 살해, 희생, 우주론, 오래된 바빌론과 새로운 바빌론, 로마, 통치자들, 하늘 그리고 혈연의 건축은 점진적으로 다른 유형의 건축으로 대체되었다. 우리가 알고 있듯이 19세기로부터 오늘날까지 규범, 지식, 의미, 규정의 건축이 자리 잡았으며 이는 대체로 근대건축운동Modern Movement에 의하여 시작되었다.

또, 중요한 푸코의 관점은 19세기에 인종주의와 같은 급진적인 현상들이 출현한다는 것이다. 이 시기에는 정착, 가족, 위생, 사회적 계층과 자산의 정치학에 대한 고려들이 그 기반을 얻어가던 시기였다. 이러한 주제들과 함께 신체, 생산, 보건 등의 수준에서도 일련의 개입이 동반되었다. 궁극적으로 그러한 극단적 형식으로 유도된 것이 바로 나치즘Nazism이다.(Foucault 1987a: 149)

4.2 섹슈얼리티, 지식 그리고 미학적 체험의 구조
Sexuality, knowledge and the structure of aesthetic experience

섹슈얼리티와 그 역사에 관하여 날카로운 논쟁을 붙잡기 위한 시도가 푸코의 작업에 있어 가장 중요한 점이었다. 고대 세계의 전통적 철학의 주도면밀한 독해를 포함한다. 그는 철학자로서 마지막 몇 해 동안 이 작업에 몰두하였다. 푸코의 관심은 기독교 세계의 윤리성을 조금이라도 이해하려면 윤리적 자아의 고전적 이해와 비교되어야 했다. 이러한 사실은 그가 고대 세계의 섹슈얼리티, 윤리, 지식이 서로 뒤엉켜진 채로 미학적 체험의 구조로 연관되어 있음을 발견하도록 유도했다.

푸코는 19세기 빅토리아시기에 특히 두드러진 관점을 그리스적 이해와 대비시켰다. 그 시기에 성적 행위들은 문제가 있는 것으로 여겨졌다. 그리스적 이해에서는, 비록 오도될 여지는 있지만, 성적 행위를 훌륭하고 자연스러운 것이며 필요한 것으로 인식하고 있었다. 그는 고대인들이 쾌락의 절절한 사용에 관심을 쏟았던 방식들을 비교하는데 호기심을 느꼈다. 그러한 연구는 다양한 성적 행위들 즉, 이성의, 동성의, 부부의, 혼외의 행위들을 포함하였다. 고대인들은 이 모두를 기독교적 윤리와 함께 절제를 통하여 받아들였다. 특히 기독교적 윤리는 주도적으로 절제를 주장하였다. 푸코는 섹슈얼리티의 맥락 안에서 자유와 진실과 같은 관념을 문제시 하였다. 그는 쾌락에 몰두하는 인간이 진정으로 자유로울 수 있는가 아닌가에 대한 고전적 질문에 주목한다.(Foucault 1987b: 78)

푸코는 고전적 관념으로서 자제sophrosyne(이는 자기 극기 그리고 성적 억제도 포함된다)를 순수와 연결된 금지로서의 기독교적 이해와 분리시켰다. 그는 고대 그리스인들은 그들이 순수성을 회복할 수 있거나 혹은 단순히 성적인 절제를 통하여, 순수성을 지킬 수 있다고 믿지 않았다고 주장한다. 그들은 자유를 얻기 위하여 절제를 실천했다. 고대인들에게, 절제 혹은 자기를 통제하는 것은 타인을 통제하는데 필요한 능력이었다.(Foucault 1987b: 78-82)

푸코는 절제가 필연적으로 남성과 남성의 성욕으로서 이해된다는 사실을 문제 삼는다. 이러한 사실이 여성은 자제심을 가질 수 없다는 것을 의미하지 않는다. 그러나 이 덕목은 남성성에 연결되어 있으며 남성과 관계있는 것들과 이어져 있다.(1987b: 82)

절제하는 그리고 공정한 남성의 삶을 특징짓는 삶의 '자유/권력'의 이원성은 필연적으로 진리와 연관되어 있다고 주장한다. 아리스토텔레스에 의하면, 개인의 쾌락을 통제하는 것과 그 쾌락을 로고스의 권위 아래 가져오는 것은 같은 것이다. 그것은 동일한 시도이다. 지혜와 절제 사이에 필요한 연관은 특정한 지식이 없이 절제를 실천할 수 없다는 것을 의미한다. 푸코가 이것에 관하여 이야기 한 바와 같이, 우리는 우리 자신을 지식의 주체로서 동시에 형성하지 않고는 쾌락을 활용하는 윤리적 주체로서 우리자신을 형성할 수가 없다.(1987b: 86)

욕망, 사랑 그리고 진리Desire, love and truth

고대인들의 삶에 더 많은 점들을 주목하기 위하여, 푸코는 사랑과 지식을 플라톤의 『파이드로스Phaedrus』로부터 주제를 인용하여 논의한다. 영혼의 드라마는 그 자신과 투쟁하면서 욕망의 드리마와 대립한다.(Foucault 1987b) 그는 '어떻게 진리와의 관계가 오래 동안 잃었던 아름다움의 인식으로서 사랑의 상태가 발생하였는가'를 지적한다.

푸코는 고대인들에게 진리와의 관계는 결과적으로 절제를 확립하는데 있어서 구조적 도구적 그리고 존재론적 조건들이 된다. 그것은 금지된 것을 인식할 수 있는 개인의 문제만은 아니다. 그리고 그들 자신에게서 폭로되어진 욕망을 제거하는 능력도 아니다. 절제는 미학적인 문제이다. 체험으로서 미학의 한 부분이다. 그러한 도덕적 가치는 다른 모든 사물 가운데 쾌락을 활용하는데 있어 그 한계와 위계에 관한 특정한 형식의 원칙에 의존한다.(1987b: 89)

절제는 필요, 시간, 지위의 측면에서 행위의 적합성에 관한 상식에 의하여 유도된다. 개인이 책임지는 엄격한 극기는 자기 지배의 권력을 확립하고자 하는데 있어서 개인적 투쟁의 한 형식이다. 예를 들어, 구원 혹은 해방을 목적으로 하는 세속적인 쾌락의 금지와 같은 것이다. 능동적인 자유를 경험함으로써 절제는 진리와 구조적인 연관관계를 분리할 수 없게 된다.(Foucault 1987b: 92)

고대 그리스인들과 로마인들은 섹슈얼리티와 절제 그리고 행위를 코드화하거나 욕망을 해석함으로써 이해하지 않았다. 그들은 미학적 체험을 통하여 이해했다. 이러한 사실의 발견은 푸코에게 매우 중요하다. 그러므로 성이 쾌락이자 미학적 삶의 필요한 부분이라는 것을 이해하는 것이 생겨난다. 그러한 삶은 개개인이 자신을 위하여 창조하는 것이다.

이러한 인식은 고대 그리스 철학이 훌륭하고 아름다운 존재를 향하여 노력하는 삶의 방식으로 존재한다는 푸코의 이해를 확증했다. 이러한 자세는 작업 자체에 집중된 철학적 진리의 탐구와 삶에 대한 프로테스탄트적 이데올로기 즉, 전통적 서구 철학의 이해방식과는 대조적이다.

숨김없이 진실을 말하기Speaking truthfully

푸코는 『쾌락의 활용The Use of Pleasure』에서 플라톤의 철학을 논의하였다고는 하지만, 이 주제에 관한 그의 세심한 관심은 1980년대 꼴레쥬 드 프랑스에서 시작된다. 1981년과 82년에 '주체의 성서적 해석The Hermeneutics of the Subject' 이라는 제목의 교육과정을 포함하여 플라톤의 『엘키비아데스Alcibiades』는 연구의 시작점이 된다.(2005: 25-43) 이러한 강의에서, 푸코는 에픽테토스Epictetus, 세네카Seneca 그리고 플루타르크Plutarch와 같은 저자들을 비평하면서 '자기에의 배려care of the self' 에 집중한다. 그리고 '자기에의 배려, 도시의 정치학, 불완전한 교수법, 자기 이해' 사이의 관계들을 분명히 한다.

푸코는 중요한 정치적 윤리적 덕목으로서, 고대의 이상인 파르헤지아parrhesia 즉, '숨김없이 진실을 말하기' 에 관하여 언급한다. 먼저

에우리피데스Euripides와 소크라테스의 관념의 형식화를 시도함으로서 마찬가지로 후에 에피큐러스학파Epicureans, 스토아학파Stoics 그리고 키니코스학파Cynics를 변형을 통하여 제시한다. 전통적인 철학 그리고 소크라테스의 죽음을 언급한 뒤메질Georges Dumezil의 에세이를 토대로, 푸코는 어떻게 파르헤지아와 자기에의 배려가 우리를 우리 자신의 진실성으로 안내할 수 있는가를 보여준다. 가장 중요한 이슈는 인간 행위의 여러 유형들을 유도하는 조건들을 언급하는 것이다. 그러한 배경에서, 무엇이 요구되는가는 그가 누구인가에 따르는 것뿐 아니라 그가 누구인가를 보여주고자 하는 것이기도 하다. 푸코는 수도원의 참회를 연구하고 자각을 조사했다. 그는 대부에게 자신의 모든 것을 고백해야 하는 의무에 관해서도 연구했다. 결론내리기를, 중세 고해의 실천은 고대의 '자아의 테크닉technique of the self' 이 잘 조정된 모형이라는 것이다.(Foucault 1987a: 58-61)

잘 알려진 의사이자 철학자, 갈레노스Galen(129-c. 200)를 참조함으로써, 푸코는 개인이 자기 자신을 위하여 지속적으로 노력할 필요가 있다고 주장한다. 그것은 특별한 전환이었다. 정신의 자기로의 전환 그리고 그러한 방식으로 푸코는 그것이 또한 어떠한 종류의 빛으로, 실재로, 신으로, 본질로, 최고의 천상으로 되돌아감을 의미한다. 그것은 또한 제 자리에서 방향을 바꾸는 것이며 궁극적으로 자신을 자기에게로 되돌려 놓고 그 자리에 머무는 것이다.(Foucault 1983) 그렇게 함으로서, 푸코는 주장하기를, 잘못된 교수법과 그 피해를 제거하는 것은 새로운 지식을 획득하는데 있어 중요하다. 그것은 무엇인가 다른 것을 배울 수 있기 위하여, 종종 의도적으로 배우지 않아야만 하는 것과 마찬가지다. 그것이 건축 교육의 배경에서 잊지 않아야 할 점이다.

위기, 자기 그리고 유한성Crisis, self and finitude

1979년 이러한 복잡하고 민감한 주제를 연구하던 도중, 푸코는 번잡하고 사람들이 많았던 프랑스 국립도서관Bibliotheque Nationale을 떠나 다른 연구 장소로 옮겼다. 파리, 13 구역 루 데 라 글라시에레Rue de la Glacière에 있는 도미니크 수도회의 도서관, 솔솨르 도서관 Bibliothèque du Saulchoir으로 옮겼다. 이 대목은 매우 흥미로운 부분인데 푸코 자신의 심리 지리학을 향한 증거다. 이후 그의 변하지 않는 연구 장소가 되었다. 이 새로운 환경에서, 푸코는 솔솨르의 수도사이자 원장이었던 알라브릭Michel Alabric의 손님으로 작은 열람실에서 연구에 몰두했다. 푸코는 이러한 관계를 소중히 했다. 그리고 수도원의 금욕적인 삶이 그에게 자극이 되었다. 그의 무신론적 삶만 아니었다면, 그는 수도사로서 행복하게 살 수 있었을 것이다.(Macey 2004: 129-30)

푸코는 그 자신의 삶에 관한 반성의 과정을 통하여 연구를 진행해 가던 때, '자기에의 배려' 를 탐구했다. 저술활동은 그가 의식적으로 계획하거나 선택한 것이 아니었다는 것을 인정하면서, 그는 대학을 떠나고 저술을 그만 둘 것을 고심했다. 그의 친한 친구 기베르Hervé Guibert는 어떻게 『성의 역사』의 나머지 두 권이 쓰여졌는지와 그 책이 거의 10년에 걸쳐 재탈고되고, 지우고, 인정하지 않고, 재고되고, 축약되고, 부연하여 서술되었는가를 회고한다. 어떻게 푸코가 그 책을 '의심스러운 책' 그리고 '부활한 책' 으로 불렀는지 그리고 '웅장한 겸양의 책' 으로 불렀는지를 설명한다.(Guibert 1988; Eribon 1993: 322)

그럼에도 불구하고, 두 책은 현대 개인의 탄생 그리고 개인의 자의식을 형성을 깊이 발굴하고 해석하려는 목적으로 탄생했다. 이러한 책들이 가진 스타일은 각기 달랐다. 블랑쇼Blanchot에 의하면, 어조는 가라앉히고 그리고 말투는 더 조용해지고 차분해졌다.(Blanchot 1987; Eribon 1993: 331) 그의 전체 삶이 점점 평화와 금욕주의와 같이 변화해가는 동안, 세네카Seneca의 작업들은 푸코가 가장 즐겨 읽던 것들이다. 그것은 마치 그가 존재를 일정한 양식에 맞추고자 의도하면서 고대의 지혜를 채택한 것처럼 보였다. 어떠한 종류의 역사적 사실에 의해서 유도된 것은 아니지만, 들뢰즈가 지적하였듯이, 그것은 오늘날의 우리들을 향한 관심에 의하여 유발된 것이다.(Deleuze 1986) 푸코 자신의 말을 빌리면,

> 우리를 놀라게 하는 것은 우리 사회에서 예술은 오직 대상에만 관계하는 무엇이 되어왔다는 것이다. 그리고 개인이나 혹은 삶에 관계한 무엇이 아니라는 사실이다. 그러나 모든 사람의 삶이 예술 작품이 될 수는 없는가?(Dreyfus and Rabinow 1982: 237)

1982년 대학에서 이루어진 마지막 강의에서, 푸코는 스토아학파의 교육법에 관하여 언급하였다. 그는 죽음에 관한 명상이 특별한 가치를 갖는다고 이야기했다. 왜냐하면 그것은 무엇이 일반적으로 가장 큰 불행으로 여겨지는가를 예견하고 죽음이 잘못된 것이 아님을 스스로 확신할 수 있기 때문이다. 푸코에 따르면 이러한 명상은 또한

> 말하자면, 삶에 대한 반성의 시각을 미리 구축할 가능성을 제공한다. 죽음이라는 관점에서 자아를 고려함으로서, 개인은 그 본연의 가치에 따라서 수행하는 과정에 있는 행위 각각을 판단할 수 있다.(Foucault 1989: 165-6)

꼴레쥬 프랑스College de France에서 강의하는 푸코

개인의 자기에의 배려에 관한 논의는 푸코 삶의 끝으로 가면서 더욱 더 두드러졌다. 개인의 인간적 삶에 영향을 미치는 유기체적, 경제학적, 언어학적인, 그리고 다양한 역사적 힘의 인식을 받아들임으로써, 푸코의 유한성에 관한 논의는 철학적일 뿐만 아니라 개인적이다. 그가 주장한 바와 같이, 경험적이자 그리고 역사적으로 제한된 인간 존재는 항상 반성하는 개인이며 그들 자신의 지식의 근원이 되었다.

이러한 움직임에서, 의식은 상상력의 경험의 대상이자 이해의 근원 둘 모두가 되어야만 한다. 푸코는 이러한 논의에 대하여 역사적인 사례를 요약했다. 그는 그 논의를 '유한성의 분석론analytic of finitude' 이라고 하고 우리를 공간, 시간, 인과관계 그리고 그밖에 종속시키는 조건 즉, 우리를 유한하게 만드는 조건에 관한 사유로 설명했다. 또한 그것은 우리 사유에 참가하는 조건들이기도 하며 지식의 실현 가능성에 필요한 것이기도 하다.(Foucault 1989) 우리의 유한성은 그러므로 발견하는 것과 동시에 만들어진다. 푸코가 쓰기를, 실증적이면서 근원적이라고 했다. 이는 인간은 경험적인 것 그리고 초월적인 것으로 단순화하지 않고 관찰되어져야 한다는 것을 보여준다. 둘 중 어느 것도 억압될 수는 없다.

'우리는 누구인가' 에 대한 경험적이고 역사적인 이해를 고려하자면, 푸코는 인간에 대한 현대적 관념은 데카르트Descartes의 관념 즉, 순수의식을 독립적으로 탁월하게 꿰뚫어 보는 것으로서 코기토cogito를 삭제했다는 것이 문제라고 주장했다. 사유는 더 이상 순수한 개념작용이 아니다. 그러므로 비사유unthought와 분리될 수 없는 것이다. 우리는 '나는 생각한다I think' 의 내용을 '나는 존재한다I am' 의 내용과 일치시킬 수 없다. 왜냐하면, 주체의 실체는 항상 자신이 사유하는 어떤 내용 이상이기 때문이다. 사실, 개인은 살아있고 일하고 욕망하고 이야기하는 주체라는 것이다. 이러한 조건들은 단지 사유만의 영역을 넘어서 어떠한 개인을 받아들인다.(Foucault 1989: 165-6)

4.3 생체권력Biopower

이 개념은 『성의 역사』 제1권에 처음 나타났다. 푸코는 19세기의 새로운 복지 문제와 함께, 섹슈얼리티가 삶의 조건들을 지배하는데 중심이 되었음을 확인하면서 시작된다.(Foucault 1987a: 133-61) 푸코는 이러한 발전에 두 흐름이 있음을 관찰했다. 그 첫째는 군대, 학교 그리고 관련된 담론처럼 규율 기관과 연관되어 있었다. 두 번째는 인구, 부 그리고 자원의 해석 즉, 인구통계의 출현에 관한 것이다. 이러한 실천과 담론의 두 분리된 흐름은, 가장 중요한 장치중 하나가 된 섹슈얼리티의 전개와 함께, 19세기 권력의 거대한 테크놀로지를 생산하는 장치들의 집합을 통하여 하나로 결합된다.(Foucault 1987a: 140)

마르크스와 엥겔스Engels의 작업을 반복하여, 푸코는 생체권력이 자본주의의 발전에 필수불가결한 것으로 주장했다. 그러나 신체가 생산의 과정에 흡수되어야 할 필요가 있는 것은 아니다. 사회는 동시에 생산과 인구의 증가를 필요로 한다. 마찬가지로 그들의 효용성 그리고 용이성의 증가를 필요로 한다. 제도와 업무는 생산의 과정을 보증한다. 반면, 권력의 기술들은 개인, 가족, 학교 그리고 군대에 영향을 미친다.(Foucault 1987a: 141) 그것은 바로 생체권력이다. 남성들의 집단을 자본에 적응시키고, 인간 집단의 성장을 생산 능력의 확장과 결합시키는 것이다. 건축은 용이성과 생산을 관리하는 이러한 프로세스를 촉진하는데 있어 절대적으로 중요했다. 왜냐하면 용이성과 생산은 공간속에 배치되어야 하기 때문이다.

이러한 맥락에서, 푸코는 거의 접근되지 않은 측면을 기록한다. 그는 묘사하기를 '역사로 들어가는 삶의 시작에 다름 아니다' 라고 했다.(Foucault 1987a: 141) 이로서, 그는 18세기에 경제적 발전과 그 증가하는 생산이 인구 증가보다 더 빠르게 가속화되었을 때, 빈곤과

전염병의 전통적인 압박으로부터 어느 정도의 해방을 성취하였다고 보았다. 삶에 대하여 이러한 새로이 얻어진 상대적 통제는 삶에 대하여 새로운 관점을 제공하였다.

> 서구인들은 점진적으로 현존하는 세계에서 살아있는 인류가 된다는 것, 신체를 가진다는 것, 존재의 조건, 삶의 가능성, 개인과 집단의 복지, 조정될 수 있는 힘 그리고 최선의 방식으로 그들이 배치되어질 수 있는 공간을 가진다는 것이 무엇을 의미하는가를 배워갔다.(Foucault 1987a: 142)

역사와 삶의 관계를 해석하는 새로운 방식을 통해, 사람들은 이중적 위치를 가진 삶을 확인할 수 있었다. 푸코가 주장하듯이, 역사 밖의 생물학적 환경에 위치하면서 그리고 동시에 지식과 권력에 대한 역사적 기술들로 갖추어 진 인간의 역사성 내부에 위치하는 것이다. 정치적 테크놀로지는 점진적으로 삶, 신체, 그리고 보건, 삶의 수준, 거주, 건축과 연관된 문제들에 적용되었다. 그리고 존재를 위한 모든 공간, 도시와 시골 그리고 열려진 공간들의 랜드스케이프 계획도 포함되었다.(Foucault 1987a: 142)

푸코는 19세기 섹슈얼리티가 중요한 생체권력의 무대가 되었음을 언급한다. 왜냐하면, 삶의 두 분리된 영역을 연결시키기 때문이었다. 신체의 규율과 인구의 조정이었다. 그는 섹슈얼리티가 동시에 두 범주를 만족시켰다고 관찰했다. 한편으로는 끊임없는 감시, 영구적인 통제, 극단적으로 엄중한 공간의 배치, 불확실한 의학적 혹은 정신병리학적 실험들을 낳았으며 신체와 연관된 완전한 미시적 권력으로 나아갔다. 반면 또 다른 측면에서는, 국가적 신체의 상태를 언급하였다. 그것은 바로 인구에 관한 것이었다.(Foucault 1987a: 145-6)

규범, 신체, 패션 그리고 관련 예술Norm, body, fashion and related arts

생체권력의 출현에 의한 중요한 결과 중 하나는, 법적 재판의 시스템을 희생하여 규범을 향상시킨 것이다. 이상적으로 규범은 특권 없이, 삶을 유지하기 위하여 생의 조건들을 적절한 방식(패션)으로 분배한다. 삶을 담당하는 권력은 지속적이며 규정적이며 교정적인 메커니즘을 필요로 한다. 그러므로 생체권력은 살아있는 존재를 가치와 효용성의 영역으로 분산하는 것에 관한 것이다. 그러므로 출현한 규범적인 기능은 다음을 가능하게 했다.

> 규범 자체를 무시무시한 위엄 자체로 전시하는 것보다 오히려 제한하고, 조정하고, 평가하고, 계층화할 수 있게 되었다. 그의 충실한 신하들과 독립국의 적들을 분리시킬 선을 그릴 필요가 없다. 생체권력은 규범의 주변 분포에 영향을 미친다.(Foucault 1987a: 144)

규범과 규범성의 확립과 동시에, 법률 혹은 정의의 제도는 완전히 사라지지는 않는다. 이러한 프로세스를 진행하는 동안 그리고 결과로서, 법률 그 자체는 하나의 규범으로서 작동한다. 반대로 사법제도는 국가적 장치에 융합된다. 예를 들어, 의료, 통치, 교육 등의 장치들로. 이러한 장치들의 기능은 규정적이 되어갔다. 그러한 의미에서, 푸코는 다음과 같이 결론을 맺는다. 사회를 규범화하는 것과 그 규범적인 메커니즘들은 유럽에서 실천된 권력의 기술들에 의한 역사적인 결과이다. 프로세스는 퇴보하는 것으로 보일 수 있다. 마치 본질적으로 그리고 필연적으로 규범화된 권력을 인정하게 만들기 때문이다.

생체권력을 유지하기 위한 요구에 의하여 촉발된 것으로, 규범 확산의 프로세스는 다양한 결과를 가져왔다. 주체의 수준에서 보자면, 요구되는 것은 삶에 대한, 누군가의 신체에 대한, 보건에 대한, 행복에 대한 그리고 요구의 만족에 대한 권리이다. 그리고 모든 억압과 소외를 넘어서, 어떠한 존재인가와 어떠한 존재가 될 수 있는가를 재발견할 수 있는 권리이다. 푸코는 왕정체제와 고전적 시기가 이러한 권리를 이해할 수 없었다고 주장한다. 이 권리는 전혀 다른 권력

관계를 갖는 새로운 환경에 대한 정치적인 응답이었다.(Foucault 1987a: 145)

이러한 프로세스는 건축, 인테리어 디자인, 패션의 발전 그리고 취향의 확립으로 확장되었다. 푸코의 접근은 급진적으로 신체와 공간을 해석하였기 때문에, 건축과 다른 연관된 기술의 발전을 추적하는 데 유용하다. 인테리어 디자인과 패션에 있어서, 프랑스 가구와 양장의 발전은 인간 신체에 새로운 관계를 부여하는 것으로, 역사적으로 동일한 현상의 한 부분으로서 나타났다.

사실, 패션은 베르사유로 거슬러 올라갈 수 있다. 그 궁정의 신하들과 그들의 의복은 루이 14세 통치시기에 나타났다. 당시 화려한 상품들의 산업이 왕실 관할권 아래에 나타났다. 그리고 왕실은 프랑스의 취향과 스타일의 결정적 요소였다. 1670년대 프랑스 패션의 발생은 푸코가 고전적 시기로 부르는 동안에 이루어졌다. 이 시기는 왕의 보호 아래에서 또 다른 국가 주도의 신체 통제 기관의 탄생을 예증한다. 이러한 패션은 문학, 예술 그리고 도노 드 비제Jean Donneau de Visé에 의하여 1672년 설립된 '르 메르퀴르 갈랑Le Mercure galant'과 같은 사회 잡지들에서 출현한 담론에 의하여 지지되었다. 이러한 패션 개념들은 디자인과 의복들과 함께 프랑스 밖으로 수출되었다. 거의 모든 유럽 군주들은 프랑스 왕의 스타일을 따라하려고 했다.

구조적으로 관찰하자면, 신체에 의복을 입히는 오래된 방식, 즉 베일로 가리고 접는 것을 바탕으로 하는 방식은 더 이상 만족스럽게 인식되지 않았다. 재단은 매우 뛰어났고 신체에 옷을 두르는 새로운 방식에 집중하였다. 인간의 몸매와 관련성은 단순히 화려한 것이 아니라 뛰어난 기술을 요구했다. 그리고 의복으로서 몸에 더 정확하고 잘 맞는 구조를 요구했다.

패션은 프랑스 부르주아 혁명 이후 규범적인 영역으로부터 또 다른 비판적 자료들을 획득한다. 해부학적으로 결정된 신체의 부분들과 연관하여 조각들로 직물을 재단하는 새로운 방식이 18세기와 19세기에 발전하였으며 이는 훨씬 더 기능적이었다. 오늘날에 조차, 우리는 어떻게 이러한 특별한 재단이 양장술과 의복에서 유럽 스타일을 지속적으로 보여주는가를 관찰할 수 있다. 이는 유럽 밖으로부터 유입된 패션 의복들과 비교될 수 있다. 그러므로 의복이 만들어지는 이러한 근본적인 조건은 신체에 옷을 입히기 위하여 받아들인 규범적 접근의 결과들 중 하나이다.

또 다른 유사한 상황이 인테리어 그리고 가구와 캐비닛cabinet의 출현과 관련되어 발견된다. 그것 역시 신체와 규범에 관련되어 정의되어졌다. 앉기, 잠자기, 저장하기를 위한 요소들을 안락의자, 침대, 저장고의 형태로 정의하는 것은 패션, 표준 그리고 한계를 결정한다. 그러한 결정은 비록 모더니즘이 분명하게 급진적인 디자인을 제안하였음에도 오늘날까지 남아 사용된다. 가장 최근의 디자이너들조차도 가구를 장식장, 등받이 의자, 서랍장, 안락의자 그리고 다른 유형의 가구들을 오늘날에도 지속적으로 생산한다. 그러한 가구 유형들은 유럽 캐비닛 제작 산업 내에서 여전히 유지되고 있다.

취향Taste

지식, 통제 그리고 삶을 향한 새로운 자세는 푸코에 의하여 획득된 규범들을 수용해 왔다. 그리고 예술, 기술 그리고 패션에서 매우 두드러졌다. 결과적으로, 18세기의 범주인 취향의 출현과 관련하여 전개되었다. 그 이후로 주변 환경, 의복, 가구선택, 인테리어 그리고 건축 디자인에 관한 문제에 있어서 취향에 대한 담론은 유럽문화의 역사에서 중심적 위치를 차지해왔다. 미학에 관한 18세기 철학적 담론은 이러한 새로운 현상과 출현하는 범주의 결과이다. 비록 푸코는 여기에서 제시된 것과 같이 예술, 패션, 건축을 언급하지는 않았으나, 그의 작업은 이러한 방식으로 그 대상들을 심사숙고하도록 유도한 것이다. 취향의 감각과 권력 사이에 관계를 포함하여, 이러한 문제들과 폭 넓은 견해들 그리고 어떻게 물질의 실체는 취향의 감각을 지배하게 되었는가는 더욱 더 탐색되어야 할 것이다.

어떻게 푸코의 책, 『성의 역사』가 하나의 논의가 아닌 일련의 여러 논의들을 열게 되었는가를 관찰하는 것은 매혹적이다. 물론 몇몇 논의는 섹슈얼리티와 그에 관한 가정된 억압에 있어 매우 폭넓게 주장된 의견에 도전하는 하나의 질문으로부터 시작되었다. 이러한 여러 논의 중 하나는 신체에 관한 새로운 담론이라는 점에서, 공공 공간과 도시의 발전에 관한 비판적 수정과 관련된 것이다.

4.4 신체, 건축 그리고 도시Bodies, architecture and cities

푸코는 18세기 이후로부터 통치의 목적과 기술이 갖는 기능으로서 건축에 있어서 합리성의 발전을 논의한다. 이러한 시기에, 질서에 관한 통치적 담론은 '사회의 질서는 무엇이 되어야 하는가' 와 '도시는 어떠한 모습을 갖추어야 하는가' 를 언급하면서 출현하였다. 더욱 특별하게. 푸코가 논쟁하였듯이, 정치학에 관한 모든 연구들은 그 이후로부터 도시계획, 집합적 편의시설, 위생 그리고 사적 건축에 관한 내용을 포함한다.(Foucault 1991b: 239)

푸코는 그의 시기에 건축적 담론이 건축물과 그 장소 사이에 이원성을 인정하기 시작했고 공간을 의식하기 시작했다고 믿었다. 1980년대에 이르는 근대 시기동안, 건축가들은 그들의 중요한 과업이 구축 형태를 디자인하는 것이라고 인식했다. 비록 그것이 항상 명료하게 나타나지는 않았으나 부분적으로는 푸코와 그의 지지자들에 의하여, 건축가들은 건축 형태에서 공간 자체의 디자인으로 관점을 이동시켰다. 중요하게도, 푸코는 공간이 중립적이거나 비어있을 수 없다는 것을 예시했다. 오히려 공간은 사회적 관계들로 가득 차 있었다. 그는 건축가의 역할이 사람들을 배치하고 다양한 움직임의 흐름들을 도시적 맥락에서 구조화하는 것에 있다고 인식했다. 그것은 흔히 우리가 '외적 골격으로서 건축'으로 부를 수 있을 것이다. 이러한 방식으로 작업함으로써, 건축은 다양한 위치와 장소들을 코드화하는 과정에 참여한다. 그리고 그 장소들은 중립적이지 않으며 오히려 권력 관계의 시스템들 내부에 위치한다. 푸코는 다음과 같이 썼다.

> 이것은 사실이다. 나에게, 건축은 아주 모호한 해석에 의하여, 오직 공간 내에서 사람들을 특정하게 배치하는 것, 그들의 움직임을 체계화하는 것 그리고 그러한 상호 호혜적 관계들을 코드화하는 것을 보장하는 지원 요소로 받아들여진다. 그러므로 그것은 공간에서 요소를 인식하는 것뿐만 아니라 특별히 사회적 관계의 영역으로 돌진하는 것으로 여겨진다. 그러한 관계에 의하여 공간은 특별한 효과들을 생산한다.(Foucault 1991b: 253)

푸코는 도시가 프랑스와 같은 거대한 국가들에 관하여 사유할 수 있는 모형이 되었다는 사실을 포함하여, 여러 현상에서 17세기와 18세기에 건축이 정치적 인간의 마음에 들어서게 된 이유를 확인하였다. 베르사유 계획은 끝이 없는 과정으로, 정원을 구조화했다. 정원은 확장되었으며 외향적으로 계획되었다. 이 정원은 더 이상 특권적인 공간으로 혹은 들판, 숲, 길로 이루어진 지역에서 더 이상 특권적 공간으로 혹은 예외적인 것으로 인식되어지지 않는다.

> ... 도시는 그들이 생산한 많은 문제를 안고 있다. 그리고 도시가 받아들인 특별한 형태는 전체 영역에 적용되어야만 하는 통치적 합리성을 위한 모형으로서 공헌한다.(Foucault 1991b: 241)

이러한 점은 적어도 두 사실을 폭로한다. 첫째, 도시와 도시를 둘러싼 지역 사이에 균형은 도시가 점점 거대해지고 뚜렷하게 달라지면서 함께 변화하였다. 둘째, 도시는 국가에 있어 합리성과 통치가능성을 겸비한 모델이 되었다. 도시는 과거에는 합리성의 모델이 아니

푸코의 집, 파리 5구, 보지라르 거리. Rue Vaugirard, Paris 15th arr

었다. 오히려 관심이 필요로 하는 과성장한 전체였다. 도시를 통제하는 것은 17세기 후반과 18세기 초기에 점진적으로 나타났다.

이러한 관점에서, 치안에 있어서 만약 통제의 시스템이 도시의 기관들과 같이 엄격하고 효율적이면, 국가는 잘 운영될 것이라고 가정한다. 여기에서 어휘, '치안' 은 정복을 입은 사람들을 언급하는 것이 아니다. 모든 통치적 합리성을 위한 프로그램을 일컫는다. 이것은 개인의 일반적 행위를 규제하는 시스템을 창조하기 위한 계획이었던 프랑스 모델에 토대를 두고 있다. 그곳에서는 어떠한 중재도 필요도 없이 자급자족이라고 말할 수 있는 정도로 모든 것이 통제된다.(Foucault 1991b: 241)

우리는 많은 층위에서, 국가와 사회에 영향을 생산하는 도시의 중요한 역할에 관하여 인식할 수 있다. 예전에 도시에 적용되었던 내부와 외부의 개념은 이제 국가에 적용되어져 갔다.(Fontana-Giusti 2011) 국가들 사이의 관계들도 도시 모델들에 근거하여 점진적으로 코드화되었다. 도시의 성벽과 같이 독립주권의 관념과 그와 연관된 개념들은 이제 재고되고 국가의 경계로서 방어되면서 점점 강화되었다. 그러한 사실은 지도의 생산과 확산의 출발이라는 점에서 매우 주목할 만한 일이다. 지도는 17세기부터 지속적으로 국가의 경계선 이상의 것을 표현해 왔다.

시스템, 관계 그리고 네트워크 Systems, relations and networks

18, 19세기 동안 새로운 개념이 나타났다. 통치가능성은 모든 메커니즘을 국가 내부에서 통찰하고, 자극하고, 통제하고, 만들어 낼 필요가 있다. 이 사실은 상이한 개념과 응답을 생산한다. 푸코에 의하면, 그러한 배경에서, 18세기 말, 정치적 사유의 중요한 유산 중 하나는 사회의 개념, 그 자체이었다. 그에게 사회는 사회 자체의 법률과 반응의 메커니즘, 규정들 그리고 혼란의 가능성을 가진 복합적이고 독립적인 실체였다.(Foucault 1991b: 242)

푸코는 '어떻게 철로 네트워크가 가장 중요한 공간적 그리고 정치적 요소가 되었는가' 를 지적함으로써, 기반구조를 발전시키는데 있어서 19세기의 유산이 가진 중요성을 조명했다. 철로의 효과는 혁명적이었다. 기차는 새로운 연결점을 제공했기 때문이다. 그는 사람들 사이에 증가한 친밀성의 효과에 관하여 관찰하였다. 서로 다른 도시들 사이에 결연을 맺을 수 있는 새로운 가능성들을 포함하여 '새로운 보편성이 전쟁을 불가능하게 만들지도 모른다' 는 시각도 관찰하였다.

푸코는 주장했다. 전기는 19세기의 도시, 공간 그리고 권력 관계의 틀을 변화시키고 있는 또 다른 유사한 발전이었다. 결과적으로, 그것은 공학자들이었다. 철로와 다리, 도로, 고가도로의 건설자들이었다. 그들은 공간을 만들었다. 건축가들이 아니었다. 푸코에 의하면, 건축가들은 더 이상 공간을 창조하는 중요한 장인들이 아니었다. 왜냐하면, 그들은 세 가지의 가장 큰 변화가능성 즉, 땅, 커뮤니케이션, 속도의 통제자들이 아니기 때문이다.(Foucault 1991b: 242)

건축의 역할과 특징을 고려하며, 푸코는 주장했다. 건축적 프로젝트는 관대하다거나 혹은 억압적이거나 하는 것으로 분류되지 않는다. 그러나 억압적 공간은 존재한다. 그는 또 이러한 장소들은 저항과 대립의 장소로 전환될 수 있다. 기능적으로 자유롭게 할 수 있는 것은 형태적으로 존재하지 않는다. 이것은 자유는 실천이라는 사실 때문이다.

다양한 종류의 저항을 통하여 특별한 효과와 작용을 생산하는 프로젝트와 건축물이 있는 반면에, 자유의 담보가 될 수 있는 구조는 본래부터 없다. 건축가의 의도가 관련된 사용자의 실질적 경험과 일치될 때, 건축은 그 공간적 효과를 증대시킬 수 있다. 그러나 건축가의 의도 그리고 건축의 효과는 모두 근원적인 것은 아니다. 푸코에게 있어, 사회를 분석하는데 있어서 아무것도 근원적인 것은 없다. 그 이유는 근원적 현상은 존재하지 않으며, 오직 상호호혜적인 관계들이 존재하며 그리고 건축가의 의도 그리고 건축의 효과, 서로의 의도 사이에는 영원한 차이가 존재하기 때문이다.(Foucault 1991b: 247) 건축은 상호호혜성, 차이 그리고 중복의 맥락 안에서 기능한다.

성별의 연구, 섹슈얼리티 그리고 공간

Gender studies, sexuality and space

『성의 역사』가 미친 영향력을 모두 적는 것은 불가능하다. 과거 30여 년간, 사회는 성별과 섹슈얼리티의 문제에 관하여 더 열린 접근방식을 얻을 수 있었다. 비록 몇몇 페미니스트들은 푸코의 작업을 무시해왔으나 다른 이들은 푸코를 탐색해왔다. 페미니스트 이론과 푸코의 연구 사이에 수렴점은 멕네이Lois McNay(McNay 1994)와 버틀러Judith Butler(Butler 1990, 2004)와 같은 학자들의 연구에서 접근되어왔다. 멕네이는 주장하기를 페미니즘은 푸코의 작업으로부터 무언가를 얻어왔다고 했다. 그것은 동시에 푸코 연구의 한계에 얼마간 건설적 비판을 제공하기도 했다. 가령 변화를 유도하는 가능성들과 같이. 버틀러의 작업은 푸코의 억압가설의 의미를 젠더와 주체성의 측면으로 확대하였다. 그리고 페미니즘과 퀴어 이론queer theory의 중요한 근원이 되었다. 『젠더 트러블 : 페미니즘과 정체성의 전복Gender Trouble : Feminism and Subversion of Identity』(1990)에서 그녀의 논의는 이성애의 욕망과 같은 성sex, 성별gender 그리고 섹슈얼리티 sexuality의 범주에서 분명한 일관성이 시간과 공간에서 행위의 반복을 통하여 문화적으로 구축되었다고 주장한다. 관습에 의하여 동의됨으로써, 이러한 신체적 행위들은 근본적인 핵심 성별의 출현을 생산했다. 그러한 사실은 버틀러가 수행적 발화performative로 규정했다. 이것은 자발적인 선택이 아니다. 버틀러는 성별화되고, 성적 매력을 가지며, 욕망하는 주체의 구축을 『감시와 처벌』 그리고 『성의 역사』 1권에서 논의된 푸코의 규범적 담론의 비판 안에 위치시켰다.

성별에 관해 쓴 저술가들은 『섹슈얼리티와 공간Sexuality and Space』(Colomina 1992), 『욕망하는 실재: 건축, 성별 그리고 경계영역Desiring Practices: Architecture, Gender and the Interdisciplinary』(McCorquodale, Wigglesworth and Ruedi 1996), 『성과 건축Sex and Architecture』(Agrest, Conway, Weisman 1996) 그리고 『가정생활의 성립: 현대 건축에서의 성별의 공간적 생산Negotiating Domesticity: Spatial Productions of Gender in Modern Architecture』(Heynen and Baydar 2005)과 같은 저작으로, 출판된 비판적 에세이들을 통해 건축과 연관된 담론들을 고무시켰다. 이러한 책들에서, 어떻게 성별과 연관된 논의가 건축의 영역에 등장하였는가에 대하여 읽을 수 있다. 그리고 어떻게 이러한 담론이 다양화되었는가를 관찰하는 것과 동시에, 성별화와 연관된 비판적 문제들을 무시하는 일이 더 이상 불가능해진다. 특유한 주제들은 차이를 갖는다. 그리고 배제된 여성성femininity과 인간중심주의anthropocentricism(Agrest 1996)의 문제들과 같은 페미니스트적 비판(Agrest 1996)으로부터 공간의 위계에 관한 남성 중심적 표현의 비판(Wigley 1992: 345-6)에 이르는 주제들이 포함된다.

'무제: 성별의 집Untitled: The House of Gender' 에서 마크 위글리Mark Wigley는 특별히 신체와 건축에 관하여 푸코의 작업을 언급한다. 위글리는 신체의 훈육이 '여성이라고 불리는 문화적 산물the cultural artefact called woman' 의 전통적인 훈육의 확장이라고 논의한다. 그러한 논의는, 여성이 그녀 자신을 통제하기 위하여, 유동적 신체 세계를 많은 기관들로 구성했다는 주장에 의하여 정당화되었다.(Wigley 1992: 345) 푸코를 참조하면서 위글리는 제안했다. 공간에 관한 논의가 가진 공통적 특징은 그러한 논의들이 개인을 위한 특별한 조건들의 집합을 구축하기 위하여 만들어졌다는 것이다.(Wigley 1992: 345-6)

아그레스트와 위글리와 같은 건축적 이론의 연구와는 다르게, 성별, 섹슈얼리티 그리고 도시에 관한 푸코와 관련된 논의들이 그로츠Elizabeth Grosz, 브루노Giuliana Bruno 그리고 세넷Richard Sennett와 같은 동시대 비평가들의 작업에서 발견된다. 예를 들어 철학자이자 페미니스트인 그로츠는 신체, 공간 그리고 도시에 관한 비판적 연구에서 신체에 대한 전통적 담론을 결정해 왔던 대립을 넘어서기 위해 푸코를 언급한다. 그녀는 권력에 관한 미시적 기술the micro-technologies of power이라는 푸코의 관념을 끌어옴으로써 신체와 도시에 관한 새로운 반성을 생산한다. 그리고 다음과 같이 언급한다.

> 신체는 말하자면 유기체적으로/생물학적으로/자연적으로 불완전하다. 그것은 불확정적이며, 무정형적이며, 일련의 비통합된 잠재성들의 집합이다. 그 잠재성은 각자의 문화와 시대에서 즉, 푸코가 말하는 권력의 미시적 기술에 의하여 사회적 동기유발, 체계화 그리고 오랜 시간동안의 관리를 요구한다.(Grosz 1992: 243)

그로츠는 도시를 다수의 본질적으로 다른 사회적 행위들, 프로세스 그리고 관계들이 상상력과 실제 공간에서, 분리될 수 없는 방식으로, 서로 간에 연결된 네트워크로서 이해했다. 신체와 도시 사이에 이러한 관계를 획득하는데 있어, 그로츠는 『감시와 처벌』 그리고 『성의 역사』로부터 생체권력biopower의 개념과 연관된 도시 문화적 메커니즘을 끌어왔다.(Grosz 1992: 241-9)

『공적 친밀성, 건축 그리고 시각 예술Public Intimacy, Architecture and the Visual Arts』(2007)에서 예술사가 브루노Giuliana Bruno는 최근 300여 년간의 문화 생산에 있어 증가하는 관심을 얻고 있는 신체를 고려했다. 그리고 예술, 건축 그리고 공공 스페이스에 관한 일련의 에세이에서 공적 친밀성의 관념을 해석했다.(Bruno 2007: 102) 미술관과 영화를 연구하는 과정에서 기억의 틀로서 건축을 탐색하면서, 브루노는 푸코의 신체에 관한 담론을 반복했다.

> 신체의 구조에 관한 담론으로서 이해하자면, 영화는 신체 구조corporis fabrica의 과학적 연구와 인식론적인 토대를 공유한다.(Bruno 2007: 102)

브루노는 어떻게 이것이 재현적 코드들의 계보학을 통해 유추될 수 있는 철학적이고 동시에 과학적인 현상인가를 설명한다. 푸코에 따라서, 그녀는 영화의 발명과 동시에 일어난 신체에 관한 의학적 담론이 어떻게 분석의 도구로서 시선의 활용을 확대하였는가와 다른 규율들과 관련성을 갖게 되는 시각적 도구와 기술들의 발전을 증진시켰는가를 설명한다.(제 3장을 참조할 것)

그들의 독립적인 견해들을 담고 있음에도 공통적 논설, '섹슈얼리티 그리고 고독Sexuality and Solitude' (Sennett and Foucault 1981)에서 뿐 아니라 더 넓은 의미에서, 역사가 세넷Richard Sennett의 작업은 푸코의 섹슈얼리티에 관한 관념과 밀접한 유사성을 갖는다. 세넷은 인간 신체에 관한 그의 연구가 1970년대 후반, 푸코의 연구로부터 시작된다고 언급한다. 그리고 프랑스 철학자들의 영향이 신체와 도시에 관한 세넷의 책, 『살과 돌Flesh and Stone』에서 감지된다.(Sennett 1994: 26-7) 푸코와 공유하는 섹슈얼리티에 관한 질문을 그의 책으로 끌어옴으로써, 세넷은 고통의 인식과 함께 쾌락의 인식을 강조한다. 그것은 푸코의 『성의 역사』의 2권과 3권에 토대를 둔 것이며, 푸코의 고통스러운 죽음의 방식에서 영향을 받았다. 세넷은 고통을 그가 『살과 돌』에서 처음 사고했던 이론적 추정이 도달할 수 있는 결과 이상의 것으로 인식했다.(Sennett 1994: 27) 이러한 방식으로, 푸코와 신체에 관한 연구와 분석을 통해서, 인간 지식과 실존 사이의 상호 관계의 깊이는 도시적 삶과 육체적 경험에 관한 세넷의 책에서 가장 중요한 것이 되었다.

Chapter 5

공간성 / 미학Spatiality / Aesthetics

5.1 공간성과 이질성에 관한 테마들, 무한성, 언어로부터의 간격 두기

Spatiality and its themes of heterogeneity, infinity and spacing out of language

푸코는 예외적으로 시각적이며 공간적인 관념의 저술가였다. 그의 텍스트는 공간성에 관한 이론적 고찰을 요구하는 생생한 이미지들로 넘쳐났다. 그 공간성 안에서 보기, 표면, 공간은 모두 역할을 갖는다. 푸코의 이러한 측면들 말하자면, 이 마지막 장에서, 공간성에 관하여, 나는 예술과 미학에 관한 그의 담론을 부분적으로 횡단하는 내용들을 고찰할 것이다. 나의 비평은 그의 에세이 '또 다른 공간들에 관하여On other spaces' (Foucault 1993), 『죽음과 미로Death and the Labyrinth』(2004), 『언어, 반기억, 실천Language, Counter-memory, Practice』(1977)의 에세이 '철학 극장Theatrum Philosophicum', 『미학, 분류, 인식론Aesthetics, Method and Epistemology』(1998) 그리고 푸코 선집 『Dits et ecrits』의 volume 4(1994)와 주로 연결될 것이다. 이러한 텍스트의 이론적 토대는 푸코의 담론에서 변화를 특징짓는 공간적 언급에서 다루어질 것이다. 그의 초기 연구로부터, '어떻게 공간적 은유가 공간에 관한 담론으로 전환되었는가' 를 예시하는 담론들을 선별할 것이다.

푸코의 사유 방식들은 항상 생기차고 공간적이었다. 그의 사유는 삼차원적인 표현으로서 펼쳐지는 느낌을 준다. 그의 저술의 역동성과 직설적인 특징은 그가 결코 그의 작업을 역사의 완전하고 객관적인 것으로 생각한 적이 없다는 사실로부터 출발한다. 그러한 입장에서 백지 상태에서 출발하거나 게다가 정연한 구조들을 제시함으로써 연구를 진행하지도 않았다. 푸코는 그러한 실증주의자적인 역사를 생산하지 않았다. 그는 항상 서로 간에 가로지르고 중첩되고 영향을 미치는 담론들에 관하여 관심을 갖고 있었다. 더욱이 데리다와 다르게, 푸코는 어느 정도까지는 직접적으로 정치적 의사를 가지고 작업하기를 선호하면서 글쓰기에 마음 내켜하지 않는 작가였다. 그러므로 그러한 배경에서 저술의 영향력에 관심을 가지고 있었으며 그의 행동이 갖는 효과는 더욱 중요했다.

담론을 분명하게 유지하고자 하는 푸코의 의도는 특별한 스타일로 소통하도록 만들었다. 그의 스타일은 의미 있는 대화를 확립하고 능동적 연결을 가능하게 하는 무대를 확립하고자 하는 것이었다.(Foucault 1986: 64) 이것은 푸코가 언급한 공간과 영역이 결코 안정적이거나 질서 있는 것이 아니며, 데카르트적이지 않고 탐구적이고 편향되고 삐뚤어졌다는 사실에도 불구하고, 지각과 지식에 관한 경험과 질문에 의하여 유도된다는 것을 보여준다. 이러한 일반적이지 않은 공간들을 특별하게 만들어내는 것은 다음과 같은 사실 때문이다. 푸코의 언술들이 감각을, 이후의 작용 혹은 새로운 사유의 가능성을 부여하는 복잡한 지리학으로 유도했다.

푸코는 공간적 개념이 갖는 역할에 관하여 언급했다. 위치position, 배치displacement, 대지site, 현장field, 지역territory, 영역domain, 시야horizon, 군도archipelago, 지구region, 조망landscape과 같은 것으로서, 이러한 용어들의 어원을 계보학적 요약과 함께, 이 용어들이 군사적 배경을 가지고 있음을 지적했다. 예를 들어 다음을 고려해보자, 배치는 군대, 대대, 인구의 배치와 연관된다. 지구region는 군사 지구로서regere에서 기원하여 지휘의 의미로 발전한다. 그리고 프로방스province는 정복된 지역을 일컫는다. 이는 어원적으로 접두어 pro와 라틴어 vincere에서 시작된다. 푸코는 지역, 영역과 같은 다른 공간적인 용어들에 대하여도 비평했다. 이러한 용어들을 법률 정책적 그리고 경제 법률학적 관념과 영역에 속하는 용어로 이해했다. 또한 시야horizon와 조망landscape은 회화적으로, 프로방스의 의미를 갖는다.(Foucault 1986: 63-77, 68-9) 푸코는 이러한 관념들을 권력과 지식 사이의 관계를 묘사하며 보여주었다. 그리고 지식이 지구region, 영역domain, 부지설정implantation, 배치displacement와 같은 전략적인 용어로서 분석된, 지식의 어떠한 해석도 (권력 관계라는 측면에서) 더 쉽게 전개될 것이며 표현적으로 드러날 것이라고 덧붙였다.(Foucault 1986: 69)

다른 공간들(헤테로토피아), 역사와 이질적 공간들에 관하여

On other spaces (heterotopia), history and heterogeneous space

공간에 관한 푸코의 통찰과 설득력은 건축가의 관심을 끌어왔다. 헤테로토피아에 관한 그의 논의는 종종 이러한 맥락에서 언급된다.(3장의 헤테로토피아를 참조할 것) 이 논의는 건축가 집단에 의하여 구성된 1966년 공간에 관한 워크숍에 참여하는 서문에서 나타난다. 파리의 건축 연구 센터Centre d' Etude d' Architecture에서 열린 이 논의의 결과는 '또 다른 공간에 관하여On other spaces' 라는 텍스트로 발표되었다.(Foucault 1993) 사건에 관한 일반적인 해석에 의하면, 워크숍에 참가한 심리학자들은 더 직설적으로 시간의 관점에서 사유하지 않는 것에 푸코와 대립했다.

푸코는 종종 이러한 에피소드를 언급하면서, (1960년대 이전, 프랑스 학문의 상황을 특징짓고 공간적 요소를 덮고 있는) 시간적 패러다임의 헤게모니를 지적했다. 공간과 시간 사이의 이러한 논쟁에서, 푸코는 담론적 지리학의 형식을 갖는 방법론을 펼쳤다. 그것은 그가 역사 기록학을 확장하고 그 시대의 패러다임에 이의를 제기하도록 도왔다. 푸코는 사유하길, 그 기원에 관해 의문을 추구하는 것은, '시간의 존재론적인 중요성' 을 이해하는데 기여했다고 보았다. 그는 이러한 공간을 지적 범주로서 인식하도록 유도했던 의미와 실험

들에 맞섰다.(Philo 1992: 141-3; West-Pavlov 2009: 112)

푸코는 논의하기를, 19세기의 특권적 범주는 발전과 정체, 위기와 순환의 테마들을 포함한 역사과 시간이라고 보았다. 즉, 20세기 후반 두드러진 범주는 공간의 범주였다. 푸코에 의하면, 우리는 이러한 프로세스의 변증법들에 사로 잡혀 있었다. 그가 다음과 같이 썼다.

> 우리는 동시에 일어나는 것들의 시대에 있다. 병치되어 놓이는 시대에 있다. 가까운 것과 먼 것, 나란한 것, 서로 붙어 있는 것과 흩어진 것들의 시대에 있다. 나의 시각에서 보기에, 세계는 시간 속에서 성장하고자 하는 목적을 갖는, 삶의 훌륭한 방식 단 하나를 실험하기보다는, 여러 점들을 연결시키고 그 자체의 혼란을 생산하는 그물을 스스로 실험하고자 하는 시기에 들어섰다. 오늘날의 논쟁의 밑에 깔린 특정한 이데올로기적 투쟁들은 '시간의 경건한 후예들'과 '공간에 달라붙어 있는 거주자들' 사이에 발생한다고 할 수 있다.(Foucault 1993: 420)

헤테로토피아에 관한 에세이에서, 푸코는 서양 공간의 역사를 개관했다. 그는 일컫기를 서양 공간의 역사는 계층적이며, 신성하고 세속적인, 도시적이고 전원적인, 방어적이거나 열린(비보호적인) 현세적 장소들을 함의한다고 보았다.(1993: 420) 그는 특히 주목하기를, 중세시기에 유행하였던 우주론적 이론에 따르면, 천국마저 초월한 장소들이 세속적인 장소들과 대립하여 존재했다. 갈릴레오는 공간이 무한하다고 역설함으로써 중세적 공간을 폭로했다. 그것은 푸코가 '국지화된 공간'으로 부르는 것이었다. 그렇게 함으로써, 갈릴레오는 중세적 공간을 해체했다. 그것은 여러 결과들을 낳았다. 사물의 국지적 한계는 더 이상 고정되지 않고 움직이는 우주의 무한성 안에서 이해되어야 했다.

푸코에 의하면, 이러한 사실은 영원히 고정된 무엇인가를 가지는 것이라기보다는, 우리는 요소들이 얼마나 근접한가에 의해 결정되는 일시적 배치들을 갖는다. 그 문제는 이어서 배열과 위치, 인구통계학과 배치의 패턴에 관한 문제들을 유도한다.

> 더욱 분명한 방식으로, 위치의 문제는 인간에게 통계학적 용어로서 자리 잡는다. 지구 거주민의 배치에 관한 질문은 그들 모두를 위하여 충분한 공간이 존재하는가를 확인하고 하는 문제만이 아니다. 물론 이 질문은 어떤 경우에도 매우 중요한 문제인 것은 사실이다. 그러나 동시에 근접성의 관계란 무엇인가를 알게 하는 것이다. 즉, 추구되어지는 목적에 따라 어떠한 종류의 저장고, 순환, 참고 그리고 인간적 요소들의 범주화가 이런 저런 상황에서 우선시 되는가이다. 우리 시대에, 공간은 그 자체로 배치의 패턴이라는 형식으로 표현된다.(Foucault 1993: 421)

바슐라르의 작업을 떠올리면서, 푸코는 우리가 동질적 공간에서 살지 않고 특질화된 공간에서 살아간다는 것을 일깨운다. 우리의 주된 인식의 공간, 꿈꾸는 공간, 열정의 공간은 내적인 특질을 갖는다. 그것은 밝고 초월적이며, 투명할 수 있는, 혹은 어둡고 평안하지 않거나 불분명한 공간이거나 높거나 꼭대기의, 정상의 공간일 수 있다. 높고 우뚝 솟아 있는 장소이거나 진창의 토굴과 같은 공간일 수도 있다. 흐르는 공간이거나 돌과 같이 고정된 공간일 수도 있다. 푸코는 이러한 종류의 해석이 아무리 근원적이라 할지라도, 주로 내적 공간과 연관된다고 논의했다. 그는 다른 한편, 내부공간과 대립하여 외적 공간을 위치시키지 않고 외적 공간을 언급하고자 했다. 그것을 그는 체험의 공간이라고 불렀다.

> 우리가 살고 있는 공간, 그 공간으로부터 우리가 우리 자신 밖으로 이끌려나온다. 그곳에서 우리 삶의, 우리 시간의, 우리 역사의 침식이 일어난다. 이 공간은 우리를 약화시키고 소모시킨다. 그 공간은 그 자체로 개별적이다. 다른 말로 하자면, 우리는 어떠한 종류의 진공 속에서 살지 않는다. 우리는 결코 동일할 수 없는 혹은 어찌해서도 중첩되지 않는, 한정된 상태들의 관계 전체에서 산다.(Foucault 1993: 421)

푸코는 존재의 흥미로운 특질들을 부여하는 공간의 배열, 공간의 배치에 특별한 관심을 가지고 있었다. 모든 다른 공간들과의 관계에서 공간을 연기하고, 중립화하고, 역전시키는 방식으로, 공간 스스로 관계의 틀을 디자인하고 반영하고 표현한다. 푸코에 따르면, 이러한 공간들은 일반적으로 두 유형이 존재한다. 유토피아utopias와 헤테로토피아heterotopias.(Foucault 1993: 421-2) 유토피아는 어떠한 현실적 공간도 가지지 않는다. 그러나 사회의 현실적 공간에 관한 직선적 혹은 그 역의 해석을 통해 일반적 관계들을 갖는다. 이러한 공간들은 필연적으로 비현실적이다. 한편으로, 헤테로토피아는 현실적이며 사실적인 공간들이다. 이 공간은 사회의 바로 그 제도들에 의하여 윤곽을 얻는다. 푸코는 다음과 같이 썼다.

> 헤테로토피아는 효과적으로 실재화된 유토피아의 역전된 배치를 구성한다. 반면, 유토피아에서 모든 실재적 배치들은 사회 내에서 발견되지 않는다. 헤테로토피아적 배치들은 하나로 묶여 있으며 동시에 표현되고 변화하고 역전된다. 그것은 모든 장소들 밖에 존재하는 장소이다. 그리고 여전히 실재적으로 국지화된다.(Foucault 1993: 422)

헤테로토피아는 특권적이거나 신성하거나 혹은 숨겨진 장소들이다. 종종 위기에 처한 개인을 위하여 따로 보류된 장소이다. 그렇기에, 극장이나 영화관 그리고 전통적인 정원과 마찬가지로, 헤테로토피아는 하나의 현실적 장소와 위치에 서로사이에 충돌하지 않고 병렬적으로 배치되는 힘을 갖는다. 특히, 이러한 공간들은 박물관, 도서관, 장터, 휴가지 등과 같이 다른 시간의 부분들과도 연결될 수 있다.(Foucault 1993: 419-36)

> 헤테로토피아는 특권적이거나 신성하거나 혹은 숨겨진 장소들이다. 종종 위기에 처한 개인을 위하여 따로 보류된 장소이다.

헤테로토피아는 공간을 분리시키고 관통할 수 있도록 만드는 경계들과 열리고 닫히는 시스템을 갖는다. 보통, 사람들은 그 자신의 의

지에 의하여 헤테로피아적 위치로 들어가지 않는다. 사람들은 군대막사, 교도소와 같은 경우에서처럼 강제되어지거나, 제의적 목욕재개와 같은 경우처럼 정화의 의례에 스스로 복종한다.

푸코의 작업에서 헤테로토피아는 상대적인 두 축 사이에서 생성되는 것으로 보인다. 한편으로는, '어떻게 현실적 공간의 본질이 더욱 환상적인가' 를 보여주는 그 환상적 공간을 창조하는 역할을 수행한다. 다른 한편으로, '완벽하고 잘 배치된 또 다른 공간들' 을 형성하는 역할을 한다. 그러한 역할로부터, 현재의 공간은 무질서한 것으로 나타난다.

기숙학교와 수용소의 공간에 관하여 언급한 그리고 헤테로토피아에 관한 1967년의 에세이는 교도소와 군대막사의 공간들의 해석을 유도하는 서막이 되었다. 이러한 해석은 7년 후 『감시와 처벌』에서 중요한 주제로 나타났다. 그 다음은 어떻게 담론의 공간화 과정이 생겨나는가를 열어보였다.

담론의 공간화 : 공간적 은유로부터 공간에 관한 담론으로

Spatialisation of discourses: from spatial metaphor to discourse on space

푸코의 저술에서, 담론의 공간화의 사례를 보여주는 특징들은 공간적 비교, 은유, 배치 그리고 강력하고 활기 있는 이미지들을 포함한다. 그 특징들은 모두 이야기의, 수사적인, 인식론적인 기능을 갖는다. 그리고 다양한 방식으로 독자들이 복잡한 생각을 그려내는 것을 돕는다.

푸코는 '묘사로서 단순히 사용된 공간적 은유' 와 그가 '사물로서 연구하고 발전시킨 은유' 를 구분하였다. 사물의 은유는 그가 인식론적 변형의 기호들을 보여주는 17세기의 은유들로 규정하였다. 이러한 기호는 과학적 지식으로 구성되는데 중요한 요소가 되었고 지식

의 공간화를 관찰할 수 있게 했다.(1991b: 254)

중요한 사실은, 이야기로서 공간적 은유들과 푸코가 발전시킨 은유들의 차이는 그 상이한 활용에 근거한다. 그러한 활용의 차이는 '공간적 은유' 가 돌연 '공간의 개념들' 로 전환되도록 만든 점진적 변화를 폭로하였다. 이 변화는 건축가들에게는 무시할 수 없는 것이다. 이러한 개념들은 특정한 종류의 공간을 묘사하는데 사용되기 때문이다. 푸코의 담론적 공간 혹은 담론 구성체의 공간에서, 담론은 제도적이고 건축적이며 도시적 측면에서 실질적 물리적 공간과 상호작용한다. 그러한 예는 전시공간, 박물관과 같은 곳에서 발견된다.(제2장을 참조할 것) 이러한 사실은 벤느Paul Veyne(1979), 웨스트파블로프West-Pavlov(2009)그리고 허스트Paul Hirst(2005)가 연구한 바와 같이, 연속해서 새로운 사유의 통로를 열었다.

벤느는 역사가이자 푸코의 가장 친한 친구 중 한 명이었다. 그녀는 푸코의 사유에서 이러한 변화를 가장 처음 지적했다.(Veyne 1979: 203) 벤느와 웨스트 파블로프는 푸코의 사유가 이미지와 은유를 통해 이해되는(『말과 사물』 그리고 『지식의 고고학』) 공간적 담론으로부터 실질적 공간의 영역으로 이동해 갔음을 제시했다. 실제 공간에서, 담론과 건축은 권력관계와 프로세스의 부분이 되었다.(『임상 의학의 탄생』 그리고 『감시와 처벌』)

푸코는 반복적으로 다음과 같이 주장했다. 그의 사유가 공간적이 되는 궁극적 이유는 그가 의존하고 있는 17세기와 18세기의 고전적 지식이 공간적 은유라는 사실 때문이다. 그 고전적 지식은 과학적 대상의 공간화를 통하여 구성되었다. 린네Linnaeus가 분류한 바와 같이 자연사에서 이미 나타난 것으로서, 해석의 법칙은 오직 공간화된 사물 가운데, 시지각 가능한 대상만을 연구하기 위한 것이다. 결과적으로, 푸코는 이러한 조건이 해석에서 재출현될 수밖에 없었다는 주

장을 이어간다.(1991b: 254) 그는 설명하기를,

> 17세기에 발생한 인식론상의 변천과 변화에 있어 가장 두드러진 것은 지식의 공간화가 그 지식을 정교하게 만들어냄으로써, 과학을 탄생하게 만든 요소를 구성한 방식이다. 린네의 자연사와 범주화가 가능하였다는 것은 몇몇 이유 때문이다. 즉, 사물이 공간화 되었기 때문이다.(Foucault 1994: 283-4; West-Pavlov 2009: 115)

그러므로 표현의 방식, 사물을 구성하거나 공간적으로 배치하는 것은 사물에 관한 어떠한 지식에도 직접적인 영향을 미친다. 이러한 맥락에서, 건축과 건축적 드로잉, 건축 모델과 또 다른 공간적 경험을 제시하는 견본들 모두는 개념, 지식, 실무에 걸쳐 영향력을 갖는다. 푸코는 특별히 '어떻게 이러한 사실이 과학적 담론에 작용해 왔는가'를 예시하는 한편, 동일한 에피스테메가 건축과 건축 관련 예술의 분야에 기초가 되었다고 보았다.

예를 들어, 17세기 런던과 잉글랜드의 상황에서, 로버트 후크Robert Hooke와 크리스토퍼 렌Christopher Wren과 같은 박식한 학자들은 그래픽 아티스트이자 애칭 판화가, 홀라르Wenceslaus Hollar(1607-77)의 작업을 과학적 실험의 시도로서 그리고 그들의 건축적이고 도시적 디자인 프로젝트의 제안으로 사용하였다. 홀라르의 사진작업에 의한 런던시의 표현은 도시의 시가지 구성의 가장 훌륭한 증거로서 여겨졌다. 후크는 그의 일기에서, 그 시가지 구성은 홀라르에 의해 (자연과 인간의 역사에 관한 백과사전적 연구에 적용된) 과학적 방법에 의하여 실행된 것이라고 적었다. 런던 대화재 전후로 정확히 대지의 구획과 건축물을 표현했다. 이러한 표현은 이후로 런던의 재건축과 주요 건축물을 위한 과학적 문서들을 행정적으로 수집하는데 지속적으로 사용되었다. 그 안에는, 런던에 있는 세인트 폴 대성당St Paul's Cathedral도 포함되었다. 이러한 방식으로, 그러한 공간적 가역성과 한계성을 갖는 홀라르의 묘사는 이후 건축적 지식과 실무 영역을 결

정하였다.(Fontana-Giusti 2012: 21-33)

푸코는 공간적 기술들이 단지 은유가 아니라 실천이었던 고전 시기에 있어서, 17세기 지식의 변화는 인식론적 전환의 중요한 무대였다고 결론지었다.(Foucault 1991b: 254) 고전적 시기 동안 확립되었던 사물과 유기적 조직체의 특정한 공간성은 (지식 생산에 있어 과학적 연구의 대상으로서) 가능한 더 확장된 '틀지움' 로서 기본적인 그리드를 제공하였다. 푸코는 그의 작업의 대부분에서, 이러한 공간성의 측면들과 그 지식에 대한 영향력을 파헤치고 관할하였기 때문에, 그는 개념이 되고자 사물, 언술, 지식이 결정되고 위치잡고 공간화되었던 공간들을 발굴하고 폭로하고자 했다.

5.2 아방가르드 그리고 공간의 언어

Avant-garde and the language of space

푸코는 개념, 언술, 지식의 공간성에 관하여 혁신적으로 연구를 조정하는데, 아방가르드 아티스트와 사상가들의 작업에 의존했다. 니체Nietzsche와 같이, 푸코는 삶의 최소한의 영역으로서 문학, 예술 그리고 음악과 같은 철학의 비전통적 주체들에게 특권을 부여했다. 그곳에서 새로운 에피스테메가 처음 나타났다. 이러한 접근은 루셀Raymond Roussel(2004), 바타유Georges Bataille(1977) 그리고 블랑쇼Maurice Blanchot(1989)의 20세기 아방가르드 저술에 대한 관심과 탐색에서 분명해졌다. 우리는 이제『죽음과 미로Death and the Labyrinth』(2004)와 그와 연관된 에세이들에서 집중된 푸코의 이러한 작업 영역을 언급할 것이다.

바타이유에 의하여 연구된 '위반transgression' 그리고 블랑쇼에 의하여 처음 인식된 '문학적 공간literary space' 과 같은 급진적 사고의 발견은 푸코에게 중요한 것이었다.(2001: 205-15; 1998: 21-32; Philo

1992: 144-8) 푸코는 이러한 작업에서, '어떻게 20세기 여건들이 이전의 예술과 언어의 관습으로부터 분해되어 나왔는가' 와 '그러한 실재가 다른 영역 즉, 공간의 영역으로 넘어갔는가' 를 관찰할 수 있다.

> 20세기는 아마도 그러한 유사성이 힘을 잃은 시대일 것이다. 이것은 ... 언어가 공간의 대상이거나 혹은 그렇게 될 것이라는 것을 보여준다. 그리고 공간이 오늘날의 언어로서, 가장 강박적인 은유라고는 하지만, 언어가 이제부터 유일하게 의지할 것이라는 점은 사실이 아니다. *그러나 그것은 공간 안에서 이루어진다. 시작부터, 언어는 돛을 펄럭이며 스스로 미끄러지고 스스로 결정하고 특징과 해석을 그려낸다. 공간 안에서 공간의 바로 그 스스로 '은유화하기' 가 이루어진다.* 차이, 거리, 매개적 위치, 분산, 분열, 차이는 오늘날 문학의 테마가 아니다. 테마는 언어가 지금 주어져 있고 그리고 우리에게 다가오는 그 안에 있다. 즉 언어가 이야기하도록 만드는 그 무엇에 있다.(2001: 163-4; West-Pavlov 2009: 117, emphasis mine).

능동적이고 이질적인 공간에 관한 이러한 담론의 양상들은 푸코가 루셀Raymond Roussel의 세계를 탐색하는 가운데 나타난다. 그는 루셀의 작업들과 일체감을 갖는 것으로 보인다. 그는 루셀이라는 남성에게 사로 잡혔다. 그는 댄디하고 탐미주의자였으며 강박적이며 억압적이고 로맨틱하고 실험주의적이며, 동성애적이었고 프랑스 부르주아 괴짜였다.(2004: xiii) 푸코는 루셀을 신용했다. 그들이 공통적으로 분명히 남긴 테마들과 같이, 동일한 우주를 공유했기 때문이었다. 예를 들어, 언어 시스템이 갖는 공간적 기능, 텍스트성에 있어서의 시험들, 기원의 신화에 대한 불신 등이 그러했다.

『죽음과 미로』에서 푸코는 루셀에게 녹아들어갔다. 우리는 이 책을 동시에 쓰여진 연관된 다른 두 에세이와 함께 읽을 수 있다. '무자비한 지식So Cruel a Knowledge' (1962)과 '언어와 무한성Language and Infinity' (1963)이 그것이다.(Foucault 1998: 89-102 and 53-69) 거울, 미로, 미노타우르스 그리고 또 다른 그로테스크 장치들과 같은 루셀의 이미지들에 동화되면서, '무자비한 지식'은 18세기 후반이 로망스에 대해 비평한다. 반면 '언어와 무한성'은 언어와 언어의 변신metamorphosis를 언급한다. 메타모포시스는 자연적인 것으로부터 비자연적인 것으로 변형되는 공간 즉, 초월적 공간이다.(1998: 68) 두 에세이는 모두 언어에 주목한다. 이 두 에세이에서 어휘들은 사물을 추구한다. 그러나 언어는 지속적으로 붕괴된다. 푸코는 이것을 다음과 같이 묘사한다. 언어로 표현된 작품은 언어의 변주곡들이 울려퍼질 수 있는 무한한 공간을 열기 위하여, 죽음으로서 또 다른 획을 그은 몸체다.(Foucault 1998: 93) 반향되는 변주곡들과 동일한 개념은 『죽음과 미로』에서 다시 나타난다.

> 분명한 증거들 사이에 숨겨진 것과 접근 불가능한 곳에서 빛나는 것. 그 둘 사이, 그곳에서, 언어의 작업이 발견된다. '브르통Andre Breton과 그 이후에 다른 작가들이 왜 루셀의 작업에서 숨겨진 것, 볼 수 있는 것, 억압된 것으로 이루어진 강박관념을 발견하였는가'를 이해할 수 있다. 루셀의 언어는 볼 수 있는 것과 볼 수 없는 것이 서로 무한하게 반복되는 것을 보여준다. 그리고 동일한 것의 반복들이 언어에 의미를 부여한다.(Foucault 2004: 122-3)

푸코는 언급했다. 언어가 모든 것을 숨기려는 것은 아니다. 언어는 단순히 보이는 것의 숨겨진 복제물들로서 존재한다. 그것은 언어가 실제 사물들 사이를 흐르기 시작하는 그 순간부터 언어가 가진 기능이다. 그리고 왜 사물들이 오직 언어를 통해서 인식 가능한가에 대한 이유이기도 하다.

> 그러나, 표면과 마스크 아래에서 사물을 드러내고 묘사할 수 있게 만드는 이 달콤한 그림자는 그 탄생의 순간부터 그러하지는 않았다. 죽음에 근접함 즉, 죽음으로 과일의 껍질을 벗기듯이 세계를 이중으로 배가시킨다.(2004: 123)

우리는 다시 푸코와 그 동시대 세대의 많은 사상가들에게서 언어는 중요한 문제였고 가장 중요한 연구의 핵심이라고 강조할 수 있다. 언어는 더 이상 과거로부터 현재로 단순히 내용들을 전달하는 것이 아니다. 푸코에 따르자면, 언어는 끊임없는 의미의 재현에 몰두한다. 그리고 공간적으로 확장된다. 먼 거리를 넘어 펼쳐지고 분산되고 파괴된다. 푸코는 그러므로 언어의 사태를 18세기와 19세기 동안 확립된 합리적 시스템으로부터 자율적인 것으로 인식했다.

합리성의 만곡과 소용돌이 The curve and the spiral of rationality

푸코는 이러한 언어의 공간적 펼쳐짐이 아방가르드 문학 작업에서 연구되었다고 주장한다. 그들 문학에서 언어는 그 자체로 비선형화된다. 여기에서 고전적 서사 문학의 언어는 스스로 측면으로 개방된다. 즉 복수적으로 횡단된다. 그러므로 문학은 언어가 보통의 선형적 방식으로 규정적으로 표현하는 의미들을 정지시키는 장소가 된다. 그리고 기호화하기 시작한다. 다시 말하면, 복수의 선을 횡단하는 방식과 실험적 세계로 향하여 관습을 깬, 새로운 길을 가는 것이다.(West-Pavlov 2009: 117-8)

푸코는 전통적인 19세기의 문학적 유형과 그러한 직선적 문단의 궤적과 그래프의 역설적인 만곡을 대조함으로써 이러한 언어의 분산을 언급했다.

> 호머풍의Homeric 반복 혹은 예언의 실현과는 매우 다른, 이러한 역설적 만곡은 의심할 여지없이, 문학이 상상할 수 없는 그 순간을 위한 것이다. 말하자면, 만곡은 그것을 가능하게 만든다.(Foucault 2007: 164)

기욤 아폴리네르Guillaume Apollinaire, 제임스 조이스James Joyce 그리고 블라디미르 마야코프스키Vladimir Mayakovsky는 글쓰기의 사태를 의심했던 모더니스트 프로젝트에서 중요한 역할을 했다. 그들의 작업은 푸코를 크게 자극했다. 프랑스 철학자는 그들의 수업과정들을 철학적으로 공간적으로 추출하고 정식화했다. 다른 프랑스 사상가들과 혁명적 정신분석학자인 가타리Felix Guattari 말을 빌자면, 이러한 작업들은 선형적 구조를 벗어나도록 도왔으며 사고들을 횡단하는 것을 가능하게 만들었다. 그리고 그때까지 상상할 수 없었던 공간이 역설적인 곡선으로 개방되도록 유도했다.(Guattari 1972)

푸코는 그러므로 아방가르드적 예시들을 사용하여, 공간이 전통적 문학 내에서 사유되지 않고 남겨져 왔으며 또한, 그렇게 남겨진 상세한 부분들에 관심을 유도했다고 결론 내릴 수 있다. 푸코는 아방가르드 작품에 영향을 받았는데, 그들 작품은 텍스트의 선형성으로부터 공간과 언어의 다른 양상들로 전환되었다. 아방가르드 저술가들의 흐름을 따름으로써, 푸코는 사유와 언어의 근원적인 조건들을 증명했다.

『말과 사물』과 같은 텍스트는 그의 사고를 그려냈다. 동시에 푸코 자신의 언어들 역시 변화의 역동성에 지배받았다. 이러한 변화의 궤적은, 그의 더 강화된 인식론적 이해의 작품들 내에서, 문학적 공간에서의 암시로부터 조심스럽게 구조화된 개념으로 흘러갔다. 그의 언어는 우리의 사유가 오래 동안 안정된 방식으로 남겨질 수 없게 만들었다. 이러한 언어의 특징은 끊임없이 우리의 사유를 더 멀리 밀어냈다.

만곡a curve의 형상과 그 확장된 삼차원적 형식 즉, 나선a spiral은 푸코와 라비노Paul Rabinow의 1982년 인터뷰에서 포스트모더니즘과 합리성에 관한 의문에서 나타났다. 푸코는 합리성의 문제에 관하여 하버마스Habermas에 공감하고 있었다. 만약 누군가 합리적 철학적 작업을 그만둔다면, 그는 비합리성에 빠져들 위험을 겪을 것이라고 주장했다. 1980년대, 이러한 입장을 유지하는 것은 중요했다. 왜냐하면 일부 포스트구조주의 철학자들 그리고 그들의 더 많은 추종자들이 비합리성을 수용했다는 인식 때문이었다. 푸코에게 있어서, 18세기 이후 철학적으로 가장 중심이 되는 문제는 언제나, '우리가 활용하는 이러한 이성이 무엇인가?' '그 영향, 한계, 위험은 무엇인가?' 그리고 '무엇보다도 어떻게 우리가 이성적 존재로서 존재할 수 있으며 동시에 본질적 위험에 처하게 하는 합리성은 어떻게 실천되어지는가?' ... 그러한 문제였다.(Foucault1991b: 249) 그는 이성을 제거될 필요가 있는 적으로 간주하는 것은 위험하다고 결론 내린다. 동시에, 합리성에 관한 중대한 의문은, '우리를 불합리로 유도할 위험하다고 이야기하는 것' 역시 위험하다. 이러한 모호성을 제공하는 사례는 다음과 같은 사실에 있다.

> (나치즘과 같은 가장 영속적이며 강력한 요인 중 하나가 되었던) 민족주의를 공식화한 사회진화론social Darwinism의 혼란스러운 합리성을 이유로 들 수 있을 것이다. 이것은 물론 불합리의 예이다. 그러나, 그와 동시에, 결국 합리성의 한 형식이었던 불합리였다.(Foucault 1991b: 249)

푸코가 기술한 복잡한 입장들은 매우 중요하다. 왜냐하면, 만약 철학이 중요한 기능을 하고자 한다면, 그것은 철학이 다음을 가능하게 하는 영역 안에서 이루어져야만 했다.

> 우리자신에게 합리성의 필요성, 합리성의 필수불가결함, 동시에 내적 위험을 언급해주는 합리성에 있어서 회전문과 같은 종류의 것 즉, 이러한 종류의 나선을 받아들일 수 있어야만 할 것이다.(Foucault 1991b: 249)

언어와 연관된 푸코의 작업에서, 역설적 만곡에 관한 논의로 시작된 것은 나선 형상을 하고 있는 합리성의 삼차원적 구성이다. 그러한 곳에서 나선의 형상은 단순한 은유가 아니라 분명한 모델을 제시한다. 그의 주장이 갖는 논리적 결론이라는 의미에서, 푸코 담론의 확장이라고 할 것이다.

그러므로 푸코에게 있어서, 공간과 언어는 매우 밀접한 상징적 조합 관계에서 유지된다고 추론할 수 있다. 그러한 조합에서 어떠한 조정도 상호 관계적으로 영향을 마친다. 그리고 공간적 어떠한 변화도 결론적으로 언어에 영향을 가하는 관계이다. 마찬가지로, 언어에 있어서의 변화도 항상 움직임을 만들고 공간에 영향을 미칠 것이다. 사실, 공간과 언어가 함께 공존하는 곳에서, 건축은 멀리 나아갈 수가 없다. 그것이 푸코의 작업에서 건축은 왜 무언의 정수를 보여주는가를 설명한다.

5.3 들뢰즈의 세기Deleuzian century

역전시킨 플라토니즘, 환타즘, 지리학

Reversing Platonism, phantasm and topology

1990년대 이후 지속적으로, 건축적 이론은 폴드fold, 바이오몰피즘 biomorphism 파라메트리시즘parametricism과 같은 다수의 패러다임이 공존하는 새로운 영역에 들어섰다는 사실에도 불구하고, 공간에 관한 푸코의 담론은 매우 가치 있고 독창적인 것으로 남았다. 사실, 이러한 발전의 많은 부분은 푸코의 급진적 접근을 이어받은 것이라고 추적할 수 있다. 이러한 사실은 들뢰즈Gilles Deleuze와 가타리Felix Guattari에게 이어져, 공간성을 근본적으로 언급한 비판적 담론을 출간하게 된다.(1987:474-500) 1970년, 푸코에 의하여 예견되었듯이. 들뢰즈와 가타리의 작업은 공간과 관련된 모든 측면에서 강력하게 울려 퍼졌다.

『차이와 반복Difference and Repetition』과 『감각의 논리The Logic of Sense』의 비판적 에세이 '철학극장Theatrum Philosophicum' 에서, 푸코는 들뢰즈의 사고를 논하였다. 그러한 프로세스를 통하여 그의 언어, 공간, 개념은 지속적으로 서로에게 도전하였다.(Foucault1977: 165-96) 사유의 역사를 통하여 우리를 이끌고 있는 논의 그리고 들뢰즈의 직관적 담론에 대한 푸코의 이해가 보여주는 것은 다음과 같다.

여기에서 특별히 뛰어나고 중요한 두 책을 논의해야만 할 것이다. 『차이와 반복Difference and Repetition』과 『감각의 논리The Logic of Sense』이다. 사실, 이 두 책은 매우 뛰어나서 논의하기가 쉽지 않다. 이점은 또한 왜 그렇게 소수만이 이 작업을 이해하는가를 설명한다. 이러한 작업은 클로소프스키Klossowski와 다른 중요하고 과도한 기호들 그리고 이 세기 어느 날부터 들뢰즈적 사고로 알려질 것들과 수수께기 같은 공명을 통해서 우리 주변을 지속적으로 선회할 것이라고 나는 믿고 있다.(Foucault 1977: 165)

오늘날 들뢰즈의 시대가 도래했고 빌바오 구겐하임 뮤지엄Bilbao Guggenheim museum의 엄청난 건축, 베이징 올림픽 스타디움Beijing Olympic stadium의 거대화된 유기체적 기하학, 볼프스부르크 파에노 과학 센터Wolfsburg Phaeno interactive science centre의 미래 공간의 기이함 그리고 들뢰즈적이고 비플라톤적 기하학과 공간을 예시한 것으로 보이는 다른 혁신적 프로젝트에서 예증했다고 주장할 수 있을 것이다. 파라메트릭parametric 혹은 폴딩folding 작업에 속하는 폴드folds로 알려진 이러한 건축물들은 정방형의, 평평하거나, 데카르트적이지 않으며, 어떠한 경우에도 유클리드 기하학의 형식에 종속되지 않는다. 그 건축물들은 자연적 유기체로부터 형태를 빌려오거나 선택한 한정 요소들을 그 유기체적 형태로 발전시켰다. 여기의 한정요소가 갖는 기능은 동일한 방식으로 표현되어지며 이러한 방식은 공간적으로 적용된다. 결과적으로 프로세스의 복합성에 의하여 오직 컴퓨터만이 진행시킬 수 있는 형상을 생산한다. 이러한 건축물은 푸코가 원형이나 구체와 같은 전통적인 지배적 형태에 의문을 가졌던 시대에 구축된 건축물과 그리고 플라톤적 형태를 역전시키고자 의도한 야심을 인정했던 그 시대와는 매우 큰 차이가 있다. 그는 다음과 같이 썼다.

원형circle은 복귀의 불완전한 원칙으로서 포기되어야만 한다. 우리는 모든 것을 구체로 조직화하려는 의도를 버려야만 한다. 모든 사물은 직선과 복잡하게 얽힌 선들을 경유해서 일직선과 좁은 협로로 돌아간다. 그러므로 수염뿌리fibrils와 분기들bifurcations로 향해간다. 레리스Leiris의 놀라운 연속체는 들뢰즈의 해석에 매우 잘 적용되었다.(Foucault 1977: 166)

어떤 면에서, 푸코는 분명하게 미래의 건축으로 폴드, 리좀(수염뿌리), 분기의 건축을 예견하였다. 다른 면에서, 들뢰즈와 플라토니즘의 병치로서 제안된 것이라고 보여질 수 있다. 푸코와 들뢰즈의 텍스트가 건축 계획과 해석에서 많은 새로운 측면들을 열어 놓은 것과 같이, 미래에 나타날 건축에 대한 혁신적 가능성들을 가능하게 했다. 이러한 점은 그러므로 현대 동시대의 건축적 생산을 넘어서 여전히 도달하지 못한 작업의 영역으로 나아간다. 비록 최근의 곡선적이고 파라메트릭한 건축물과 들뢰즈와 가타리의 수사학적 권위 사이에, 손쉬운 결합에 관해 냉소적 주장들이 있다고는 하지만, 그러한 주장도 들뢰즈적 공간에 관한 푸코의 예견을 가치 없게 만들지는 않는다.

무엇이 더 함축인가? What are the further implications?

푸코는 지성의 한계를 압박함으로써 사유의 체계를 질문하고 그것을 넘어서려고 했다. 그는 주로 플라토니즘이 대조적인 요소 즉, 환타즘과 불가해한 대상들을 가지고 있다고 제시함으로써 논의를 보여주었다. 푸코가 문제를 제기함으로써, 들뢰즈와 함께 플라토니즘을 전복하고자 하는 것은 그 내부에 것으로 교묘하게 그 자체를 대치하고, 틈을 따라 내려가고, 가장 작은 표식 즉, 불연속적이지만 윤리적인 것으로 내려가려는 것이다. 그것은 시뮬라크르simulacrum를 배제하려는 의도이다.(Foucault 1977: 167)

이러한 방식으로 푸코는 이미 확립된 진부한 재현의 시스템(simulacra)을 넘어 공간에 관한 사유의 방식을 논의했다. 그것은 결과적으로 모방적이며 진실하지 않으며, 열려있거나 상상의 것이다. 이러한 궤적 내에서, 그는 점진적으로 기하학과 환타즘 사이의 틈을 이

어줄 작지만 분명한 표식들을 요구했다. 지식의 영역과 사회의 구조거의 모든 부분을 결정하고 관통하는 공간의 개념작용에 있어서, 이러한 표식들은 기존의 모방과 불완전함을 역전시킬 것을 요구하였기 때문에, 푸코는 이러한 목적을 해방을 위한 것으로 그러므로 윤리적으로 보았다. 몇몇 파라메트릭한 건축적 프로젝트들은 이러한 전제에서 완성되었다. 그리고 비록 그 결과는 인정하기에 어려울지라도, 이러한 맥락에서 그들의 열정을 표현하였다.(Schumacher 2010)

시뮬라크라simulacra를 배제하는 것은 서구 문화에서 중요한 문제였다. 그 이유는 서구 문화가 재현을 근거로 구축된 구조였기 때문이었다. 여전히 그러한 배제의 가능성에 관하여 윤리적 논의가 존재한다. 이러한 측면에서, 푸코는 환타즘의 표면과 출현 즉, 불가해한 대상들에 관하여 지적한다. 그는 이러한 대상들이 우리 사유에 통합될 가능성에 관하여 제시한다. 그는 이미지의 인식이라는 중재를 통하여 '사실'로 축소될 수 없는 환타즘의 철학을 접합할 것을 요구한다. 그 방식은 로크Locke 방식처럼 이미지들을 개념으로 생각하는 것이다. 푸코에 의하면, 고정된 이미지는 분명히 환타즘의 논리적 영역이 아니므로 논리를 통해서는 추구되어 질 수 없다고 보았다. 그는 환타즘을 다음과 같이 재고한다.

> 환타즘은 표면들 사이에서 생성된다. 그 곳에서 의미를 얻는다. 그리고 그와 반대로, 모든 내부의 것으로 하여금 외부로 나아가게 한다. 그리고 모든 외적인 것을 내부로 향하도록 한다. 이러한 세속적인 진동은 항상 역전에 선행하도록 만들며 또 그 스스로 다음으로 진행한다. 간단히 말하자면, 들뢰즈가 아마도 우리에게 '무형적 실체incorporeal materiality'로 부르도록 허락하지 않을 그 무엇 안에서 이루어지는 진동이다.(Foucault 1977: 169)

푸코는 환타즘 뒤편에 더 실제적인 진실을 탐색하는 것, 혹은 환타즘을 하나의 이미지 혹은 다른 종류의 인식적 매개체로 축소하는 것

은 무의미하다고 인식했다. 환타즘은 환타즘 자체를 그대로 받아들여야할 필요가 있다. 이러한 본질에서,

> 환타즘은 신체의 한계에서 기능한다. 신체에 대립하여 기능한다. 왜냐하면, 환타즘은 신체에 달라붙어있고 신체로부터 밀려나오기 때문이다. 그러나 또한 환타즘은 신체와 접촉하고 신체를 자르고 신체를 깨고 단면으로 들어가며 신체를 분화시키고 그 표면을 증식시킨다. 그리고 환타즘은 동시에 신체 밖으로 나아간다. 환타즘은 신체들 사이에서 근접성, 비틀림 그리고 다양한 거리의 법칙 즉, 환경들이 무시해 왔던 법칙에 따라서 기능하기 때문이다. 환타즘은 상상의 영역으로 유기체를 확장하지 않는다. 환타즘은 신체의 실체를 위상화한다.(1977: 169-70)

위상학은 연속된 변형에 근거하는 연결성, 휘어지고 펼쳐지는 공간의 속성들과 관계한다. 그러므로 위상학은 모든 것의 새로운 토대가 된다. 푸코는 주장하기를 들뢰즈의 『감각의 논리』가 현상학자 메를로퐁티Merleau-Ponty(1908-61, 인식의 중요성을 강조한 프랑스 철학자이며 마르크스, 후설, 하이데거의 작업을 근거로 사유를 구축하였다)의 시각에서 상상할 수 있는, 가장 이질적인 책으로 읽혀질 수 있다고 주장한다. 그는 이어서 그의 시대를 논증하기를,

> 들뢰즈에 의하면, 환타즘은 신체의 불가해하고 형체를 가지지 못한 표면을 형성한다. 동시에 위상학적이며 무자비한 이러한 프로세스로부터, 하나의 집중된 유기체로서 그 자체를 부정확하게 제시하는 그리고 사물들 가운데 그 주변으로 점점 증가하는 원격성remoteness을 분산시켜가는 무엇인가가 형태를 얻는다. (Foucault 1977: 170)

오늘날의 시각에서 보자면, 1970년대 들뢰즈 작업에 대한 푸코의 초기 인식의 중요성은 과소평가되기 쉽다. 예외적인 작품에서 그의 동려가 보여준 이러한 전력을 다한 풍부한 지적 성취를, 푸코는 형이상학적 논문들 가운데 가장 대담하고도 전례 없이 건방진 것으로 보았으며, 그것은 용기하고도 위험천만한 것이며 또한 모든 비판적 사유의 과정에 있어서 전략적으로 중요하고도 자유로운 것이었다.

극장, 사건, 새로운 기록분류자 Theatre, events and the new archivist

철학극장의 첫 번째 부분에서 표현되었던 것과 같이 환타즘과 시뮬라크르에 관한 담론을 더욱 확장시키고자, 푸코는 정신분석학과 극장에 관한 논의를 도입하였다. 그는 이러한 두 특권적인 삶의 무대에 관하여 썼다. 그는 그러한 상태를 자유로운 시뮬라크르의 역동성과 조건들을 갖춘 것으로 묘사했다. 그는 주장하기를 정신분석학은 결국 형이상학적 실천으로 이해되어야 한다고 보았다. 왜냐하면, 정신분석학은 그 자체로 환타즘과 관계하며 극장은 특별한 다중적 광경의 장소이기 때문이다.

> 표현의 어떠한 자취도 없이, 우리는 가면의 물결, 신체의 함성 그리고 손과 손가락의 몸짓들을 만나는 그곳 ... (Foucault 1977: 171)

푸코는 결론내리기를, 이러한 두 계열들을 조화시키는 것 그리고 그들을 각자의 시각으로 축소시키는 것도 불가능하다고 보았다. 마치 프로이트가 정신분석가와 의사로, 아르토가 극작가, 시인 그리고 배우를 서로 다른 것으로 배제할 수 없었던 것처럼.(1977: 172) 더욱이, 정신분석학과 극장은 동시에 존재하고 사건들 속으로 접혀 들어간다. 즉, 담론구성체에서 기본 범주가 된다.

이러한 에세이에서, 푸코 사유의 움직임은 지속적으로 플라톤의 공간으로부터 소피스트들의 공간, 견유학파의 공간, 에피쿠로스적 공간으로 아이러니와 유머를 가진 반성으로 조직해가면서 단계적으로 상승한다. 푸코가 일컫기를, '그들의 실존적 차원에서 모험적 행위' 라고 불렀던 사유의 미로를 통과해 끌어냄으로써, 고대 철학의 계보학적 시스템을 재구축했다.(Foucault 1977: 168-9) 그러므로, 우리는 철학극장에 도달한다. 즉, 푸코가 들뢰즈의 사유를 묘사하였던 바, '극장으로서의 철학' 이다. 푸코가 이해한 바에 의하면, 들뢰즈의 사유는 미래에 서 있지 않고 현재에 있으며, 그의 텍스트에 생생하게 살아서 우리 앞에서 춤추고 가슴 한 가운데에서 펼쳐진다. 성기적 genital 사유, 강도의 사유, 긍정적 사유, 범주적 사유로 펼쳐진다. (1977: 196)

푸코는 인정하기를, 이 극장에서, 그는 처음으로 인지할 수 없는 얼굴들로서 개념들 각각을 보았다. 그것은 이전에는 볼 수 없었던 마스크와 같았다. 그럼에도 불구하고, 그 얼굴들은 들뢰즈의 작업에서, 플라톤Plato, 둔스 스코투스Duns Scotus, 스피노자Spinoza, 라이프니츠Leibniz, 칸트Kant 그리고 모든 다른 철학자들과 동일한 것이 되었다. 그리고 들뢰즈적 방식으로 접근했던 철학은 더 이상 사유가 아니라 하나의 극장이라고 이야기함과 동시에, 푸코는 그 많은 철학자들을 떠올렸다.

> 이것은 하나의 극장이다. 그곳에서 소피스트들의 격한 웃음이 소크라테스의 마스크를 찢어버린다. 스피노자의 방법론이 분산된 원주 안에서 야생적 춤을 추는 곳이다. 동시에 실체는 광기의 행성처럼 극장 주변을 회전한다.(1977: 196)

이러한 사유의 논리와 시각을 추구하는데 있어서, 푸코는 다수의 개념을 위한 상이한 해석을 확립한다. 그 안에는 극장의 개념과 아카이브의 개념이 포함된다. 이러한 이유로, 들뢰즈는 결과적으로 푸코를 '새로운 기록 분류자' 라고 불렀다.(Deleuze 2006: 3-21) 즉, 기록보관자로서 이러한 공간을 기록되었던 사건과 사물의 총합으로서가 아니라, 기록될 수 있는 것을 통제하는 시스템으로 이해하는 사람이었다.(제2장을 참조할 것)

이러한 의미에서, 아카이브들은 통계조사가 아니다. 필기노트, 스케치북, 골동품 연구의 기록 혹은 건축의 복원 작업도 아니다. 그것은 어떠한 목록화가 가능한 일련의 사건과 지성이다. 다른 각도에서 들뢰즈의 접근을 반복함으로써, 푸코는 그의 방법론이 현실적인 사물을 수집하고 복원하는 과학이 아니라 극장과 같은 무엇이라고 함축했다. 그것은 결코 완성되지 않으며, 결코 완전히 성취될 수 없는 프로젝트로서의 극장이다.

들뢰즈적 공간과 시간의 즐거움은 아마도 유혹적으로 나타날 지도 모르지만, 그곳에서 무비판적인 유희는 쾌락이 아니라 고통이 된다는 한계가 존재한다. 들뢰즈를 읽는 공간적 주이상스jouissance의 한계를 보여주는 실례는 더글러스 스펜서Douglas Spencer에 의하여 확인된다. 들뢰즈 작업의 건축적 책읽기의 연관된 사건에서, 스펜서는 주장하였다. 건축에 있어서 들뢰지즘Deleuzism은 특별히 마르크스주의자들과 대조적으로 분명하게 빗겨나서 들뢰즈와 가타리의 철학을 이해하고자 하는 것이다.(2011: 9-21) 스펜서는 이러한 방식으로, 건축가들이 대체로 푸코가 인식하고 주장하는데 결코 게을리 하지 않았던 그 무엇, 들뢰즈와 가타리의 작업에서 사회정치학적 측면이 무시되었다는 것을 정확하게 가늠했다. 그러한 의미에서, 스펜서는 에프오에이(FOA, Foreign Office Architects)와 자에라폴로Alessandro Zaera Polo를 언급하였다. 그들은 우선 들뢰즈와 가타리의 작업에서 스스로 언제든지 공간적 개념으로 변형될 것으로 보이는 다수의 개념을 추출하였다. 특히 스펜서는 주장하기를, 자에라폴로는 이전에는 건축적 관심사에서 그다지 중요하지 않았던 정치적인 문제들로 최근에 회귀하였다고 했다.(Zaera Polo and Moussavi 2003: 10) 그러한 정치적 관심은 그의 해석을 들뢰즈와 가타리의 들뢰즈적 해석과 매우 밀접하게 접근한다.

푸코에 의하여 논의된 바와 같이 공간으로 돌아가는 방식으로, 자에라폴로는 건축물의 외피를 유기체적으로 그리고 표현적 매개체로서, 공간적으로 재사유함으로써 정치적으로 행위하기의 필요성을 인식해왔다. 그러한 매개체적 역할을 통하여 건축물은 사회적 규율과 정치학에 기여한다. 이러한 방식으로, 우리는 동시대의 현상들과 관련하여 푸코의 사유가 갖는 지속적인 관계성을 관찰할 수 있다.

5.4 마지막에 이르기까지Ad finem

이 마지막 장은 연구의 주제와 이론적 조사를 확인함으로써, 푸코의 사유와 연관된 공간성에 관하여 논의해왔다. 이 장은 어떻게 푸코의 공간적 은유와 공간과 연관된 사유가 『말과 사물』, 『지식의 고고학』, 『감시와 처벌』등에서 나타나는 공간에 관한 그의 후기 담론에서 주축이 되었는가를 조명한다.

공간과 공간적 사유에 대한 이러한 두 상이한 활용의 특별한 본질을 조명하고자 한다. 그 개념들은 푸코의 비평에서 두 흐름과 상응한다. 첫 번째 것은 관습을 파괴하고 새로운 개념을 조사하고 확립한 것이다. 둘째 흐름은 새로운 개념과 패러다임을 활용함으로써, 이러한 새로운 개념과 패러다임의 잠재성을 실험하고 탐색한다.

그의 이후 삶의 무대에서, 푸코는 이러한 이원성과 그 역동성을 인식했다. 이러한 인식은 그에게 그 자신의 작업들을 반성하게 하는 무대를 제공했다. 그러한 모습은 그의 자전적 에세이에서 읽혀진다. (Foucault 1998: 459-65)

이러한 사실은 이 책의 도입부에 소개되었다. 이후에 유한성의 해석(제4장을 참조 할 것)에서 언급되었다. 그리고 이 결론에서 다시 순환한다.

푸코는 그 순환이 혁명적인 힘을 가진 현실에 대한 욕망의 연결이라고 인정했다. 그러나 재현의 형식으로의 회귀는 아니라고 보았다. 그러한 의미에서, 그 자신의 욕망은 예술 그리고 문학이 되었든 혹은 사회적 입장이 되었든지, 아방가르드의 실재와 연결되었다. 이것은 아방가르드 작업이 왜 중요해 졌는가를 설명한다. 그들의 개입은 푸코의 사유를 일으키고, 언어의 가정된 공간 밖으로 밀어내고, 철학과 인문학의 규범 너머로 펼쳐지게 만들었다. 그 결과, 관찰과 해석을 위한 새로운 이질적 공간을 창조하였다. 푸코는 이러한 연구의 자유를 소중히 여겼다. 그리고 의혹에 대한 체계적이고 방법론적인 실천에 근거한 합리성의 논리와 비판적 태도를 포기하지 않고 연구를 추구하였다.

이러한 의미에서, 푸코의 모든 접근과 그의 미학적 추구는 새로운 체험, 그 체험의 조건들 그리고 그 영향들을 이론화하려는 지속적인 공헌을 했다는 점에서 서로 일치하였다. 다르게 말하자면, 푸코는 건축물을 포함하여 사물들이 형식화된 속성들 보다는 미학의 조건들 즉, 감각하기, 체험하기, 감각된 체험의 조건들을 조사하였다. 새로운 체험과 체험의 공간들의 이론화를 통하여, 그는 삶의 기묘한 끊임없는 변화의 질서를 드러내는데 흥미를 가지고 있었다. 그러한 삶의 변화에서 건축은 물론, 인간, 용어, 사물들은 자신 자체로 나타나며 또한 다른 대상들로 나타난다.

그러므로, 푸코는 체계적으로 인간이란 무엇인가에 관하여 널리 통용되던 가정들에 마주섰다. 그리고 그들의 주장들과는 대조적으로 우리를 감금해왔던 가정들에 대항했다. 그의 작업은 이러한 현상들의 메커니즘을 보여주었다. 이 메커니즘은 우리에게 한 인간이 무엇인지에 관해 분명히 할 것과 본래부터 나타나는 것을 초월하기 위한 인간의 능력에 관한 성찰이 필요하다고 제시한다.

세계를 알고 이해하는 즐거움은 푸코에게 지극히 중요한 것이다. 그 점이 그의 작업은 왜 새로운 개념과 공간에 대하여 지치지 않고 실험과 탐색을 구성하는가를 설명한다. 그는 연구 작업에 대하여 다음과 같이 효과적인 정의를 내렸다.

어떠한 어려움에도 불구하고, 저자로서 그리고 독자로서 하지만, 어떠한 기쁨이라는 결론적인 보상에 의하여, 지식의 영역에서 중요한 차이를 받아들일 수 있다는 것, 다시 말하자면, 진실의 또 다른 형상으로 들어가는 것이다.(Foucault 1998: ix)

이러한 작업들의 성격 규정은 과학적 연구는 물론 예술과 건축의 작업을 버티고 있는 전제의 본질을 제시한다. 누군가는 특별한 어려움을 치르고 지식을 얻는다. 그리고 이러한 어려운 경험의 길은 진리로 유도하는 문제화의 길이다. 이것은 인간의 사유의 본질 안에서 문제들을 우연히 마주치고, 경험하고, 한정함으로써 작동한다. 사유는 사물에 실천하고 반응하는 일반적인 방식으로부터 한발자국 물러나는 것을 가능하게 만드는 것이다. 사유는 사물 자체를 사유 대상으로서 끌어당기는 것을 가능하게 한다.(Foucault 1994: xxxviii) 과학, 예술 혹은 건축에 있어서 사유가 이러한 방식으로 이해되고 유지된다는 것은 언제나 자유로서 체험된다.

그의 작업, 삶 그리고 여정을 통해, 푸코는 신중하고 용기 있게 절제하면서 살지 않고는, 서로 관계 맺기 않고는, 타인에 대한 배려가 없이는, 잘 사는 것이 불가능하다는 것을 보여준다. 이러한 사실은 또 다른 곳에 존중을 요구하는 무엇인가가 존재한다는 특별한 확신을 함축한다. 우리는 다른 사람들과의 관계 속에서 그리고 우리를 둘러싼 사건들과 입장들을 문제화하는 것을 통하여, 우리 자신을 드러내고 형성한다. 우리의 인격은 이러한 방식으로 형성되어가는 관계들의 교차를 통해서 나타난다. 이러한 변화의 상호관계에서, 우리는 개인이 의미하는 바가 무엇인가를 발견한다. 그리고 우리가 누구인가를 발견한다. 물론 '건축가로서 우리는 누구인가' 도 포함된다.

그러한 의미에서 푸코는 관계적이고 이야기하기를 좋아하는 철학자로서 여겨질 수 있을 것이다. 그의 작업은 독자들에게 환경을 구축하는 행동주의자의 모습을 보여준다. 이러한 환경의 효과와 그 공간성은 지속적으로 나타나는 그의 연구에서 분명하다.

죽음으로부터 몇 주 전, 로댕 박물관 정원에서. 1984년 5월. 파리에서

더 읽을 책들

직간접적으로 푸코와 밀접하게 관계된 작품을 남긴 많은 건축 역사가들과 이론가들이 있다. 그들을 모두 언급하는 것은 불가능하다. 이미 언급된 작가들에 덧붙여, 우리는 몇몇 선택된 작가들을 언급할 필요가 있다.

들뢰즈의 책, 『푸코Foucault』(1996)는 '철학극장Theatrum Philosophicum'과 『지식의 고고학The Archaeology of Knowledge』 모두에서 제기된 많은 문제들을 다루었다.(Deleuze: 2006) 동시에 들뢰즈와 가타리의 『천 개의 고원Thousand Plateaus』(1988)은 논리적으로 더 많은 독서를 요구한다.

존 라이크만John Rajchman의 저술들. 『미셸 푸코: 철학의 자유Michel Foucault: The Freedom of Philosophy』(1985)와 '푸코의 관찰의 기술Foucault's Art of Seeing' (October, 1988)은 푸코와의 지속적인 대화에 지대한 공헌을 했다.

크리스틴 부아이에Christine Boyer는 그녀의 연구, 『도시와 집합적 기억The City and Collective Memory』(1996)에서 푸코와 그의 공간성에 관하여 다면적인 참조를 통해 역사적 상상력과 건축적 오락물을 연구하였다.

마크 커즌스Mark Cousins와 아타르 후세인Athar Houssain의 『미셸 푸코Michel Foucault』(1984)는 중요한 논의들의 가치 있는 지적 요약이다. 디디에 에리봉Didier Eribon의 전기, 『미셸 푸코Michel Foucault』(1993)는 가장 믿을만한 전기적 사료집으로 알려졌다. 동시에 푸코에 관한 데이비드 메이시David Macey의 저술(2004)은 흥미로운 읽을거리를 제공한다.

인용문헌들

미셸 푸코의 주요 작업

저서(프랑스 원저 출간의 연대기적 순서와 영문 번역서의 상세에 따라 정리)

Foucault, M. (1954) (1987) *Mental Illness and Psychology*, trans. A. Sheridan, forward by H. Dreyfus. Berkeley, Los Angeles and London: University of California Press.

——(1961) (2009) *Madness and Civilisation: A History of Insanity in the Age of Reason*, trans. R. Howard. London and New York: Routledge Abridged version.

——(1963) (2010) *The Birth of the Clinic: An Archaeology of Medical Perception*, trans. A. M. Sheridan-Smith. London and New York: Routledge.

——(1963) (2004) *Death and the Labyrinth: The World of Raymond Roussel*, trans. C. Raus. London and New York: Continuum.

——(1966) (1991) *The Order of Things: An Archaeology of the Human Sciences*, trans. A. M. Sheridan Smith. London and New York: Routledge.

——(1968) (1982) *This is Not a Pipe*, trans. J. Harkness. Berkeley: University of California Press.

——(1969) (1985) *The Archaeology of Knowledge*, trans. A. M. Sheridan Smith. London: Routledge.

——(1975) (1991a) *Discipline and Punish: The Birth of the Prison*, trans. A. M. Sheridan Smith. London: Penguin Books.

——(1976) (1987a) *The History of Sexuality, Vol. 1: An Introduction*, trans. R. Hurley. London: Penguin Books.

——(1984) (1987b) *The History of Sexuality, Vol. 2: The Use of Pleasure*, trans. R. Hurley. London: Penguin Books.

——(1984) (1990) *The History of Sexuality, Vol. 3: The Care of the Self,* trans. R. Hurley. London: Penguin Books.

원저의 편집 출판 본과 영문 출판 본

——(1977) *Language, Counter-Memory, Practice: Selected Essays and Interviews,* D. F. Bouchard, ed. D. F. Bouchard, trans. S. Simon. Ithaca, NY: Cornell University Press.

——(1986) *Power/Knowledge: Selected Interviews and Other Writings,* 1972-1977. C. Gordon, ed. Brighton: The Harvester Press.

——(1991b) *The Foucault Reader*. Rabinow, P. ed. New York: Pantheon.

논설, 컬렉션, 인터뷰

——(1952) (1985a) *Dream, Imagination, and Existence*, trans, F. Williams. Ludwig Binswanger, 'Dream and Existence', trans. J. Needleman, Studies of Existential Psychology and Psychiatry.

——(1964) (2007) '*The Language of Space*' trans. G. Moore in J. W. Crampton and S. Elden, (eds)., Space, Knowledge and Power. Aldershot: Ashgate, 163-8.

——(1967) 'On other spaces' (1993) in Ockman, J. ed. *Architecture Culture* 1943-68. New York: Columbia Books of Architecture, 419-26.

——(1984) *Revue de l' Universite Bruxelles* 113: 1984: 35-46.

——(1985a) 'La Vie: L' Experience et la Science', *Revue de Métaphysique et de Morale* 1, 6-14.

——(1989) *Résumes des cours* (1970-82). Paris: Julliard.

——(1994) *Dits et écrits* 1954-88, vol. 4. Paris: Gallimard.

—— 'Des Traveaux' (1994) in *Dits et écrits. Paris*: Gallimard, vol. 4.

——(1998) *Aesthetics, Method, and Epistemology*. J. D. Faubion, ed., P. Rabinow, series ed. New York: The New Press, Essential Works of

Foucault, 1945-1984, vol. 2.
——(2001) *Dits et écrits*: 1954-1975, vol. 1. Paris: Gallimard.

푸코의 다른 저술

——(1966) 'Philosophy and the Death of God', originally an interview with M. G. Foy, published in *Connaissance des homes 22* (Autumn 1966), Carrette J. ed. (1999).
------(1968) 'History, Discourse and Discontinuity', trans. A. M. Nazzaro, in *Salmagundi 20* (Summer-Fall 1972) 225-48. Originally published as 'Reponse a une question', Esprit 5.
——(1971) 'A Conversation with M. Foucault', *Partisan Review 2.*
——(1971) 'Orders of Discourse', trans. R. Swyer, *in Social Science Information*, 10:2, 7-30.
——(1971) 'Monstrosities in Criticism' trans. R. J. Matthews, *diacritics*. 1 (Fall 1971) 57-60.
——(1971) 'Foucault Responds/2', *diacritics* 1 (Winter 1971) 60.
——(1974) 'Michel Foucault on Attica: An Interview', *Telos* 19, 154-61.
——(1975) ed. I, *Pierre Riviere, having slaughtered my mother, my sister, and my brother . . .: A Case of Paracide in the 19th Century*, trans. F. Jelinek, ed. M. Foucault. New York: Pantheon.
——(1977) 'The Political Function of the Intellectual', trans. Colin Gordon. *Radical Philosophy* 17 (Summer 1977) 12-15.
——(1977) 'Power and Sex' trans. D. J. Parent. *Telos* 32 (Summer 1977).
——(1980) *Herculine Barbin; Being the Recently Discovered Memoirs of a Nineteenth-Century French Hermaphrodite*, trans. R. McDougall. New York: Pantheon Books.
——(1981) 'The Order of Discourse', trans. I. McLeod, in *Untying the Text: A Post-Structuralist Reader*. R. Young, ed. Boston and London:

Routledge, Kegan Paul. 51-78.

——with Sennett R. (1981) 'Sexuality and Solitude', *London Review of Books* (21 May 1981) 3-7.

——(1981) 'Is it Useful to Revolt?', *Philosophy and Social Criticism* 8.

——(1981) *Remarks on Marx: Conversations with Duccio Trombadori*, trans. R. J. Goldstein and J. Cascaito. New York: Semiotext(e), 1991. Foreign Agents series.

——(1982) 'Is it Really Important to Think?', *Philosophy and Social Criticism* 9 (Spring 1982).

——(1982) 'Response to Susan Sontag', *Soho News* (2 March 1982) 13.

——(1983) 'Structuralism and Post-structuralism: An Interview with Gerard Raulet', *Telos* 55 (Spring 1983) 195-211.

——(1984) 'Qu' appelle-t-on punir? Entretien avec Michel Foucault', *Revue de l' Université Bruxelles* 113: 35-46.

——(1985) 'Final Interview', *Raritan* 5 (Summer 1985).

-------(1986) 'Kant on Enlightenment and Revolution', trans. C. Gordon, in *Economy and Society* 15:1 (February 1986) 88-96.

——(1987) 'The Ethic of Care for the Self as a Practice of Freedom: An Interview with Michel Foucault', *Philosophy and Social Criticism* 12 (Summer 1987).

[——] Florence, M. (1988) '(Auto)biography, Michel Foucault 1926-1984', *History of the Present 4*, Spring, 259-85.

——(1988). *Technologies of the Self: A Seminar with Michel Foucault*, L. H. Martin, H. Gutman, and P. H. Hutton, (eds). Amherst, MA: University of Massachusetts Press.

——(1989) *Foucault Live (Interviews, 1966-84)*, trans. J. Johnston and S. Lotringer, ed. New York: Semiotext(e), Foreign Agents series.

——(1993) 'About the Beginnings of the Hermeneutics of the Self: Two Lectures at Dartmouth', *Political Theory* 21 (May 1993) 198-227.

——(1995) 'Madness, the Absence of Work', trans. P. Stastny and Deniz Sengel. *Critical Inquiry* 21 (Winter 1995) 290-8.

——(1997) *The Politics of Truth*, Sylvere Lotringer and Lysa Hochroth, (eds). New York: Semiotext(e).

——(1997) *Ethics: Subjectivity and Truth*, Paul Rabinow, ed. New York: The New Press.

——(1999) 'Philosophy and the Death of God', originally an interview with M. G. Foy published in *Connaissance des homes*, no 22. Autumn 1966, Carrette J. ed.

——(1999) *Foucault and the Environment*, E. Darier, ed. Oxford: Blackwell.

——(2000) *Power*. C. Gordon, ed, P. Rabinow, series ed. New York: The New Press, 298-325.

——(2005) *The Hermeneutics of the Subject: Lectures at the College de France 1981-1982*. New York and Basingstoke: Palgrave/Macmillan.

——(2009) *Manet and the Object of Painting*, trans. M. Barr. London: Tate Publishing.

2차적 사료들

Allen, S. (1997) 'From object to field', *AD Profile 127 Architecture after Geometry*, *Architectural Design* 67:5/6, 24-31.

Agrest, D., Conway, P. and Weisman L., (eds) (1996) *The Sex of Architecture*. New York: Harry N. Abrams.

Barkan, L. (1999) *Unearthing the Past: Archaeology and Aesthetics in the Making of Renaissance Culture*. New Haven and London: Yale University Press.

Bloomer, J. (1995) *Architecture and Text: The (S)crypts of Joyce and Piranesi*. New Haven and London: Yale University Press, 3-10.

——(1993) '. . . *and venustas*', *AA Files* 25. London: Architectural Association.

Boyer, M. C. (1996) *The City of Collective Memory*. London and Cambridge, MA: The MIT Press.

Bruno, G. (2007) *Public Intimacy: Architecture and the Visual Arts*. Cambridge, MA and London: The MIT Press.

Butler, J. (1990) *Gender Trouble: Feminism and Subversion of Identity*. London and New York: Routledge.

Carrette, J., ed. (1999) *Religion and Culture by Michel Foucault*. New York: Routledge.

Castel, R. (1986) 'Les aventures de la pratique' , *Le Débat* 41: 41-51.

Cohen, J. L. (1992) *Le Corbusier and the Mystique of the U. S. S. R.: Theories and Projects for Moscow*, 1928-1936. Princeton: Princeton Architectural Press.

Colomina, B., ed. (1992) *Sexuality and Space*. Princeton, NJ: Princeton University Press.

—— 'Battle Lines: E 1027' (2000) in *Architecturally Speaking*, Read, A., ed. London and New York: Routeledge.

Cotton, N. (2007) 'Made to Measure? Tailoring and the "Normal" Body in Nineteenth-Century France' in *Histories of the Normal and the Abnormal. Social and Cultural Histories of Norm and Normativity*, Ernst, W., ed. London: Routledge.

Cousins, M. and Houssain, A. (1984) *Michel Foucault*. London and New York: Macmillan.

Cousins, M. (1993) 'The First House' , transcribed G. Korolija, London. *Arch-Text* 1, 35-8.

——(1989) 'The practice of historical investigation' in *Post-structuralism and the Question of History*, ed. D. Attridge, G. Bennington and R. Young. Cambridge: Cambridge University Press.

—— 'The Ugly' (2 parts), *AA Files* 28 (1994) 61-4 and *AA Files* 29 (1995) 3-6.

Crary, J. (1992) *Techniques of the Observer.* London and Cambridge, MA: The MIT Press.

Damisch, H. (1995) *The Origin of Perspective*, trans Goodman J. Cambridge, MA and London: The MIT Press.

De Certeau, M. (1984) *The Practice of Everyday Life.* Berkeley and London: University of California Press.

De Landa, M. (1997) *A Thousand Years of Nonlinear History.* New York: Zone Books, The MIT Press.

Deleuze, G. (1969) *Différence et répétition.* Paris: P.U.F.

——(1969). *Logique du sens.* Paris: Editions de Minuit.

——(1986) 'La Vie comme une oeuvre d' art' , *Le Nouvel Observateur*, 29 August 1986.

——(2006) *Foucault.* New York: Continuum.

-------and Guattari, F. (1988) *A Thousand Plateaus: Capitalism and Schizophrenia*, trans. B. Massumi. London: The Athlone Press.

Derrida, J. (1986) 'Maintenant l' architecture' in Tschumi, B., *La Case vide.* London: Architectural Association, Folio VIII.

Dreyfus, H. (1982) *Michel Foucault: Beyond Structuralism and Hermeneutics.* Brighton: The Harvester Press.

Dreyfus, H. L. and Rabinow P. (1999/1986) 'What is Maturity? Habermas and Foucault on "What is Enlightenment?"' in *Foucault: A Critical Reader*, ed. D. C. Hoy. Oxford: Blackwell Publishers.

During, S. (1992) *Foucault and Literature.* London: Routledge.

Eisenman, P. (1984) 'The End of the Classical' , *Perspecta 21*, 1984, 154-72.

Eribon, D. (1993) *Michel Foucault*, trans. Wing B. London and Boston: Faber and Faber.

Ernst, W. (2007) *Histories of the Normal and the Abnormal. Social and Cultural Histories of Norm and Normativity.* London: Routledge.

Feher, M., Naddaff, R. and Tazi, N., (eds). (1989) *Fragments for the History of Human Body*, vols 1-3. New York: Zone Books.

Flynn, T. (1997) *Sartre, Foucault, and Reason in History: Toward an Existentialist Theory, Vol.* 1. Chicago: University of Chicago Press.

Fontana-Giusti, G. (2011) 'Walling and the city: the effects of walls and walling within the city space' , *The Journal of Architecture*, RIBA and Routledge, 16:3, 309-45.

——(2012) 'The role of small scale images by Wenceslaus Hollar' in *Scale, Imagination, Perception and Practice in Architecture*, (eds). Adler G., Brittain-Catlin T. and Fontana-Giusti G. London and New York: Routledge.

Gerard, D.L. (1998) 'Chiarugi and Pinel considered: Soul' s brain/person' s mind' , *Journal of the History of the Behavioral Sciences*, 33:4, 381-403.

Greenblatt, S. (1980) *Renaissance Self-Fashioning: From More to Shakespeare.* Chicago: University of Chicago Press.

Gregoire, P. (1610) *Syntaxeon artis mirabilis.* Cologne: Lazarus Zetner.

Grosz, E. (1992) 'Bodies/Cities' in *Sexuality and Space*, Colomina, B., ed. Princeton, NJ: Princeton University Press.

Guattari, F. (1972) *Psychanalyse et transversalité. Essais d' analyse institutionnelle.* Paris: F. Maspero.

Guibert, H. (1988) 'Les Secrets d' un homme' in *Mauve le Vierge.* Paris: Gallimard.

Han, B. (2002) *Foucault' s Critical project Between the Transcendental and the Historical*, trans. Pile, E. Stanford: Stanford University Press.

Hartley, L. (2007) 'Norms of Beauty and Ugliness in French Culture' in *Histories of the Normal and the Abnormal. Social and Cultural Histories of Norm and Normativity*, ed. Ernst, W. London: Routledge.

Heynen, H. and Baydar G., eds. (2005) *Negotiating Domesticity: Spatial pro-*

ductions of gender in Modern Architecture. New York and London: Routledge.

Higgins, H. (2009) *The Grid Book*. Cambridge, MA and London: The MIT Press.

Hirst, P. (1992) 'Foucault and Architecture' , *AA Files* 26, Autumn, 52–60.

——(2005) *Space and Power: Politics, War and Architecture*. Cambridge: Polity Press.

Ingraham, C. (1998) Burdens of Linearity. London and New Haven: Yale University Press.

Janet, P. (1925) *Psychological Healing: a historical and clinical study*. London: G. Allen & Unwin.

Jardine, A. (1987) 'On bodies and technology' in *Discussions in Contemoporary Culture*, ed. H. Foster. Seattle: Bay Press, 151-8.

Korolija Fontana-Giusti, G. (1998) *The Rhetoric of Surfaces and Walls in L.B. Alberti' s De commodis litterarum atque in commodis, De picture and De re aedificatoria*. PhD Thesis, University of London.

——(2000) 'The Cutting Surface: On the Painting as a Section, its Relationship to Writing and its Role in Understanding Space' , *AA Files* 40. London: Architectural Association.

Lacan, J. (1987) *The Four Fundamental Concepts of Psychoanalysis*, ed. A. Sheridan. Harmondsworth: Penguin.

Macey, D. (2004) *Michel Foucault*, Critical Lives. London: Reaktion Books.

McCorquodale, D., Wigglesworth S. and Ruedi K., (eds) (1996) *Desiring Practices: Architecture, Gender and the Interdisciplinary*. London: Black Dog Publishing.

McNay, Lois. (1994) *Foucault and Feminism: Power, Gender and the Self*. Oxford: Blackwell Publishers.

Merleau-Ponty, M. (1989) *The Phenomenology of Perception*, trans. C. Smith. London: Routledge.

Middleton, R. (1993) 'Sickness, madness and crime as the grounds of form' parts 1 and 2. *AA-Files* 24 and 25. London: The Architectural Association, 16-31 and 14-30.

Moran, J., Topp, L. and Andrews J., (eds) (2007) *Madness Architecture and Built Environment: Psychiatric spaces in historical context*. London: Routledge.

O' Farrell, C. (2007) *Michel Foucault*. London: Sage.

Peterson, S. K. (1980) 'Space and Anti-Space' . *Harvard Architectural Review 1*, Spring, 88-113.

Pietrowski, A. (2011) *Architecture of Thought*. Minneapolis: The University of Minnesota Press.

Rainbow, P. (1984) *The Foucault Reader*. London: Penguin Books.

Rajchman, J. (1985) *Michel Foucault: The Freedom of Philosophy*. New York: Columbia University Press.

——(1988) 'Foucault' s Art of Seeing' , *October 44* (Spring 1988), 88-117.

——(1998) *Constructions*. London and Cambridge, MA: The MIT Press.

——(1991) *Truth and Eros, Foucault, Lacan and the Question of Ethics*. London and New York: Routledge.

Schumacher, P. (2010) *The Autopoiesis of Architecture*. London: John Wiley & Sons Ltd.

Semper, G. (1989) *The Four Elements of Architecture and Other Writings*, trans. Harry F. Mallgrave and Wolfgang Herrmann. Cambridge: Cambridge University Press.

Sennett, R. (1994) *Flesh and Stone: The Body and the City In Western Civilization*. New York: Norton.

——(and Foucault, M. 'Sexuality and Solitude' , *London Review of Books*

3:9, 21 May 1981.

Seppä, A. (2004) 'Foucault, Enlightenment and the Aesthetics of the Self', *Contemporary Aesthetics* 2, 1-23.

Shapiro, G. (2003) *Archaeologies of Vision, Foucault and Nietzsche on Seeing and Saying*. Chicago and London: The University of Chicago Press.

Soja, E. (2000) *Postmetropolis, Critical Studies of Cities and Regions*. Oxford: Blackwell Publishers.

Spencer, D. (2011) 'Architectural Deleuzism - Neoliberal Space, Control and the "Univer-City"', *Radical Philosophy* 168 Jul/Aug, 9-21. Charlottesville, VA: Philosophy Documentation Center.

Steinberg, L. (1981) 'Velazquez's "Las Meninas"', *October* 19 (Winter 1981) 45-54.

Still, A. and Irving, V., (eds) (1992) *Rewriting the History of Madness: Studies in Foucault's Histoire de la Folie*. New York: Routledge.

Tafuri, M. (1989) *Venice and the Renaissance*, trans. Levine J. Cambridge, MA and London: The MIT Press.

Trombadori, D. (1999) *Colloqui con Foucault: pensieri, opere, omissioni dell'ultimo maître-ä-penser*. Roma: Castelvecchi.

Tschumi, B. (1996) *Architecture and Disjunction*. Cambridge, MA and London: The MIT Press.

Veyne, P. (1979) *Comment on écrit l'histoire suivi de Foucault révolutionne l'histoire*. Paris: Folio/essais.

Vidler, A. (1989) *The Writing of the Walls: Architectural Theory in the Late Enlightenment*. Cambridge, MA and London: The MIT Press.

——(1994) *The Architectural Uncanny*. Cambridge, MA and London: The MIT Press.

——ed. (2008) *Architecture between Spectacle and Use*. New Haven and London: Yale University Press.

——(2011) *The Scenes of the Street and Other Essays*. New York: The

Monacelli Press.

West-Pavlov, R. (2009) *Space in Theory, Kristeva, Foucault, Deleuze.* Amsterdam and New York: Rodopi.

Wigley, M. (1992) 'Untitled: The Housing of Gender,' in *Sexuality and Space*, ed. Beatrice Colomina. New York: Princeton Papers on Architecture/ Princeton Architectural Press, 327-89.

——(1995) *White walls, Designer Dresses: The fashioning of modern architecture.* Cambridge, MA: MIT Press.

Yates, F. (1966) *The Art of Memory*, Ark Editions. London: Routledge.

Zaera-Polo A. and Moussavi F. (2003) *Phylogenesis: FOA's Ark.* Barcelona: Actar.

다른 아카이브와 참고 사이트

Repository of texts written by Michel Foucault, http://foucault.info (accessed 7 October 2012).

Online Archives, http://michel-foucault-archives.org/?About-the-Centre-Michel-Foucault (accessed 7 October 2012).

http://www.michel-foucault.com, site maintained by Clare O' Farrell. (accessed 7 October 2012).

http://www.lib.berkeley.edu/MRC/onlinemedia.html, online audio-recording of Foucault's lectures at UC Berkeley April 1983, 'The Culture of the Self' (accessed 7 October 2012).

역자 후기

우리들은 말과 생각을 그림으로 그려내고 자신이 보는 세상의 지형들과 움직임을 그려낸다. 보이는 대로 그려내고 말을 통하여 소리를 통하여 행동을 통하여 그랬으면 하는 세계를 만들고 숨겨진 그림을 완성해 간다. 그 그림은 의미를, 몸을, 기억을, 삶을, 의식을, 권력을, 사회를, 역사를 낳는다. 나아가 세상 위 모든 것을 그려내는 지도와 차이들이 만들어 세계의 역사, 인문학적 지도들, 위상학, 지리학, 고고학을 만든다. 결국 다른 모습을 가진 세계의 틀을 그려낸다. 그림인지, 수학인지, 지도인지, 정치인지, 철학인지, 상상의 세계인지 상관없이, 그것은 관계들의 힘이고 어울림이고 결국 테두리를 ... 표면을 만든다.

그것은 생각과 실재를 연결하는 의식의 끈이다. 그 끈은 아직 아무도 다 풀지 못했고 앞으로도 그러할 것이다. 무수하게 엉클어져 있는 듯이 보이는 실타래처럼 그 끈들은 몸을 감고 세상을 감아 나와 하나로 만들어낸다. 우리는 결국 다 풀지 못할 것이고 그 탓에 더 몰두한다. 그 그물 밖에서 그물이 어떻다고 이야기하는 모든 이들은 이미 존재하지 않는 자들이다. 우리는 모두 가늘지만 서로의 세계를 모두 잇고 있다.

그렇게 이어져 서로 간에 길을 만든다. 소통하고 네트워크를 만든다. 그 길의 시작과 끝 그리고 사람과 사람, 생각과 생각, 장소와 장소, 영역과 영역, 사물과 사물, 학문과 학문, 시간과 시간 그리고 여럿 사이에 가로지르며 생겨난다. 그 모두를 횡단하고 가로지른다. 그러므로 길은 물리적 세계와 관념적 세계를 가로질러서 세상 모두를 잇고 나와 나 밖의 물리적 세계를 잇는다. 실상 건축은 나의 관념과 의식을 세계 속에 구체화하는 작업이다. 또한 구축된 건축 환경에서 살아간다는 것은 물리적 세계를 나의 관념 속으로 의식화하는 과정을 요구한다. 나를 둘러싼 물리적 세계와 관념적 세계는 서로 간에 매듭을 얻고 감각하고 반응하고 지각되며 하나가 된다. 서로는 몸을 통하여 의식을 통하여 하나가 되고 또한 끊어지고 사라지기도 한다.

길을 만든다는 것은 의식의 다리를 놓아 세계를 연결하고 세계에 존재하는 것을 묶는 것이다. 움직여 닿을 수 있고 바라볼 수 있고 소통을 만들어 내는 길은 세상을 잇는다. 관념의 층과 언어의 관계를 만들고 이야기하고 말하는 것이 모두 하나의 길을 만들고 형식을 만든다. 이 글을 읽고 세상을 바라보는 것은 또 다른 방식의 생각하기에 익숙해지는 것이다. 스스로를 길에 들어서는 일이다. 길+들이기. 세상에 없던 길을, 내 안에 새로운 길을 만들어 소통하는 것은 바로 '길들이기' 다. 길은 처음부터 보고 듣고 생각하고 이해하는 방식이었다.

우리는 관심이 가고 마음이 가는 모든 것을 끌어와 여러 끈을 이어 자신만의 세계를 만든다. 푸코를 번역하면서 또 다른 생각의 단어들을 끌어 모을 수 있었다. 아마도 독자들 역시 그러할 것이다. 그 어휘들을 무기삼아 자신의 생각을 덧붙이고 꿈꾸던 새로운 낯선 땅에 들어설지도 모르겠다. 그 땅에서 새로운 것을 발견하기를 바란다. 결국 배운다는 것은 항상 더 넓은 세계에 선 나의 초라함을 느끼게 한다. 그리고 이 책을 통해서, 푸코의 생각하기를 가로질러 새로운 세계에 익숙해지기를 빈다. 그리고 사뭇 자신만의 세계에 대한 욕심이 생긴다면 더 멋지지 않을까 기대한다.

무더운 여름을 가득 삼키며.
장정제.

찾아보기